目录

和
田
玉
把
玩
与
鉴
赏

序

　　号称万山之祖的巍巍昆仑山，"聚天地之精华，凝山川之灵气"生成中华瑰宝，形成昆仑之魂、精美绝伦的和田玉。和田玉滋润光洁、细腻晶莹令人赏心悦目，爱不释手。在中华大地上开发利用和田玉已有7000多年的历史，它深刻影响着中国社会发展的各个阶段和各个方面。中国的历史、政治、军事、宗教、文化艺术、思想道德……都深深地打上了和田玉文化的烙印。对玉的尊敬、崇拜、热爱是中华民族的传统，也是中国文化的特色，世界上其他任何国家和民族都是无法比拟的。

　　在过去几千年的中国历史上，和田玉都归帝王权贵们享用，所以又被称为"帝王玉"，普通百姓连看一眼的资格都没有。到了20世纪50年代后，和田玉工艺品才逐渐进入普通百姓家，和田玉文化才得以充分地发扬光大。随着时代的快速进步，我国人民生活水平的迅猛提高，玩玉、藏玉、佩玉，家庭摆设和田玉工艺品已成为时尚，成为人们物质和精神享受的一部分。可是很大一部分读者对和田玉的认识又很肤浅，迫切需要了解一些和田玉的最基本知识，知道一些和田玉文化的精髓内涵。针对人们的需求，新疆地质矿产研究所高级工程师宋建中撰写了《和田玉把玩与鉴赏》这本书，它以深入浅出的通俗语言说出了从和田玉寻找、开采、加工、鉴别、分类、评价、典藏、保养、把玩及各种工艺品的寓意等有关和田玉的各方面知识。这本书，集和田玉知识性、趣味性于一体，是一本很好的普及和田玉知识、弘扬和田玉文化的时尚读物，也是宋建中同志对和田玉近50年野外考察、室内研究、市场调研的经验、体会和实践的总结。我相信读者一定会从这本书中对和田玉有进一步的深入了解，也定能初步掌握鉴别和田玉的基础技艺！

新疆地矿局总工程师 董玉琪 博士生导师

壹　和田玉考略

第一节　俗人说玉

　　玉，一提起玉，对我来说总是一个沉甸甸的话题，不知怎么解释，也不知如何说才好。虽然我研究玉已有近50年的历史，但它总是像谜一样时刻萦绕在我的脑海中，不知如何正确地下结论，以便取得所有读者的共识。这里我列出几点诠释希望读者各取所需的去体会吧！

　　东汉学者许慎在其

和田玉石仔料

所撰写的《说文解字》一书中坦言："玉，乃石之美者，有五德：润泽以温，仁也；䚡里自外可以知中，义也；其声舒扬远闻，智也；不挠而折，勇也；锐廉而不悦，洁也。"读者可以想一想，玉怎不令人痴迷，令人尊敬，令人热爱！

凤凰是人们心目中最神圣、最美丽、最华贵的吉祥之鸟，传说凡是凤凰落过的地方，即可得美玉。换句话说，凡是最洁净、最光彩照

天山冰川

人的地方，吉祥之鸟——凤凰才在那里降落。这些迷人的故事与传说给本来就很神秘的玉，又增加不少虚幻般的色彩。

山脉的脊梁是岩石，岩石的精英就是玉。玉是天地之精华，山川之魂灵，笔者认为只有万山之祖巍巍昆仑才有玉的出现。

就地质工作者而言，玉是什么？其实玉就是温润而有光泽的美石。在不同的情况下"玉"的含义差别很大，就广意而言，它包括许多用于工艺美术雕刻的矿物和岩石，如岫岩玉、青田石、玛瑙……其实玉

喜上眉梢

8

并不神秘，它只是一种特殊的、美丽的矿物和岩石，实质上只是一种石头。

玉，就狭义而言，是专指翡翠及和田玉。翡翠是由一些晶质集合体状、纤维状、粒状或柱状矿物集合体组成，呈各种颜色，常见的有白、绿、黄、红橙、褐、灰、紫红、紫、蓝等色。硬度6.5～7，多呈玻璃状光泽。它的出现也不过只有几百年的历史。

和田玉又有叫闪石玉的，也有称为"软玉"的，主要呈晶质集合体，纤维状集合体，它的化学成分为 $Ca_2(Mg、Fe)_5Si_8O_{22}(OH)_2$。常见颜色有脂白、白、青白、青、绿（碧）、墨、黄、糖（红糖），呈油脂、蜡状光泽，密度2.95±，硬度6.5～7。质坚而不易压碎，温润可人，柔和细腻。琢磨后更加晶莹剔透，备受人们尊敬、喜爱。玉在我们中华民族被开发利用已有7000多年的历史，是中华文化的重要组成部分。

实际上，笔者认为玉，就是和田玉的专用词，玉就是指的和田玉。而其他的玉，各有名称，如岫岩玉、独山玉、蓝田玉。看一看历史就知道和田玉是真正的玉这一事实了。传说舜时西王母献玉玦、

羊脂观音（白玉）摆件

玉管。《竹书纪年》中有："西王母来朝，献白玉环、玉玦。"《尚书大传》有："舜时，西王母来献白玉管。"西王母据历史学家说是昆仑山上一个古老的原始母系社会的部落首领。在《穆天子传》中载：周穆王西巡昆仑山"攻其玉石，取玉版三乘载玉万只而归"。

2700年前的管仲在《管子》一书中多次指出"玉出于禺氏"，据《中国史称》考证："禺氏"即从春秋时代开始勃兴的"月氏"，包括宁夏到新疆的广袤地区。

到秦汉时期古籍中记载新疆和田玉就更多了。《史记》中："汉使穷河源，河源出于田，其山多玉石"，那是西去的采玉人，东往的卖玉人路过的一个关隘"玉门关"就由此而诞生了。唐代很多诗人在他们的诗句中就有大量的"玉门关"出现。有诗圣之称的杜甫写有"归隋汉使千堆宝，少答朝王万匹罗"。元代维吾尔族诗人马祖常写有"采玉河边青石子（和田仔玉——笔者注），收来东国易桑麻"的佳句。

明代科学家宋应星在他的《天工开物》中写有："凡玉入中国，贵重者尽出于田，葱岭。"（葱岭：昆仑山帕米尔一带——笔者注）

蟠龙纹带扣［明］

清乾隆皇帝曾于1762—1790年之间，7次派官员去新疆喀什地区莎车县开采玉料，其中开采出一块玉料重达600多千克。清代就有关于在和田一带采玉的严格的法律，只允许官采，民采即是违法。

英国剑桥大学教授、著名的中国科技史专家李约瑟就说过："关于玉的产地问题，曾经有过不少讨论，经过一番深入探讨以后，现在大家都已经同意，新疆的和田（于田）和叶尔羌地区的山上和河中，是两千年来主要的也是唯一的产玉中心。"

和田玉巴扎

我国著名的玉器专家杨伯达研究员作了非常准确的阐述，杨伯达说："真玉、非真玉的鉴别标准，有质地、光泽和音响三个方面的具体要求：

"（1）质地温润是和田玉的重要特征之一，而不为其他地区的玉石所具备。

"（2）常如肥物所染，呈脂肪光泽。这也是和田玉的重要特征之一。

"（3）敲之其声清引，若金磬之余响，绝而复起，残声远沉，徐徐方尽。

"凡合乎上述三条标准的玉、产于西北、是真玉无疑。"

从上述一些事例可以看出，古代传说、历史记载、科学家的考证，都得出一个共同的结论：中国人指的真玉，就是和田玉，这一点不应有任何怀疑，玉就是和田玉的代名词而已。

第二节 和田玉名称的由来

我国开发应用和田玉已有7000多年的历史，中国的社会、历史、政治、军事、思想、文化、艺术无不被打上和田玉的烙印。和田玉文

昆仑山黄羊岭

化已深入中国人心，它既是中国人民的精神财富，也是珍贵的物质财富。

在古代和田玉被称为："昆山之玉""塞山之玉""禺氏玉""钟山之玉"或"回部玉"，维吾尔族称之为"哈什"。这些玉主要是产于昆仑山北坡，西起喀什地区塔什库尔干塔吉克自治县，向东到巴音郭楞蒙古自治州若羌县境内1100多千米范围，目前发现和田玉矿床20余处，玉龙喀什河、喀拉喀什河是和田玉产玉的中心地带。

我国自古以来对和田玉的研究从未间断，如：管仲、孔丘、荀况、许慎、高濂、张世南、宋应星、陈原心等等，他们对和田玉都做过深入研究，作出了巨大贡献，对和田玉的颜色、物理性质、产状、成因、分布、鉴别都提出了许多见解。在我国浩瀚的古籍中，如《尚书·禹贡》《尔雅》《穆天子传》《西域行程记》《玉纪》《西域见闻志》《竹叶亭杂记》等都有对和田玉的记述，这些都为后人

叶葡萄纹佩 [清]

11

研究和田玉奠定了基础。

羊脂玉（素身壶）摆件

以地质学、矿物学的科学观点研究和田玉始于19世纪后半叶的欧洲，1860年后，法国矿物学者德穆尔，以英法侵略军从清代的夏宫——圆明园掠劫到欧洲的和田玉和翡翠为标本，作了检验测定，并将比重、硬度、化学成分、分子式、属性以及显微结构等化验结果公布于世。德穆尔从两种玉微显出的不同硬度出发，称和田玉为"软玉"（Nephrite），翡翠为"硬玉"（Jadeite）。在1925年日本滨田耕作的《支那古玉概说》和1927年我国第一代地质学家张鸿钊的《石雅》中均介绍了德穆尔的观点和结论。我认为"软玉"这一名称应该废止。"软玉"的引用是牵强附会，名不副实，也是中华几千年玉文化的遗憾。

我在这里讲一个真实的事，2003年一位香港客人，买一件和田玉工艺品，价值160多万元。当他看到鉴定书上写的是"软玉"时，他坚决不买了，再解释也没有用。最后生意没做成，双方都不满意。香港朋友很干脆地说："我要的是和田玉，不是'软玉'。"软玉这一名称，不符合历史事实，也往往给经营者、购买者以误解。其实"软玉"并不软，它的硬度6.5～7，和翡翠硬度一样。

"和田玉"这一名称从近3000年的历史记载到清代的正式命名，已享誉世界，它既符合"玉出昆仑"的历史事实，也符合现在的实际情况。"和田玉"这一真正的存在是我们中华民族的骄傲，它必然受到中华儿女的爱戴和尊重，也将为建立和谐、美满、幸福、强大的中国，放射出更加灿烂的光辉！

追溯和田玉名称真正的起源，早在秦代就已开始，秦称"昆山之玉"即是以产玉的昆仑山命名的。以后又称"于田玉"，这是以产在当时的于田国而命名的。今天的和田玉即是古时的"昆山之玉""于田玉"。到了清光绪九年（1883年）置和田直隶州后开始用"和田玉"这一名称。实际上"和田玉"是几千年传承下来的名称。"软玉"一名，多数玉石专家认为确实该改一改了。

第三节　和田玉古今谈

中国人对玉的尊敬、崇拜、热爱有着悠久的历史，玉文化源远流长。中国人用玉之早、延续时间之长在世界上是首屈一指的。成书于战国到汉代的《越绝书》中记载，我国先民们用生产工具的质料经历了四个阶段：

神农时（旧时器与新石器交替时）"以石为兵"

黄帝时（新石器时代）"以玉为兵"

夏商时（铜器时代）"以铜为兵"

战国以后（铁器时代）"以铁为兵"

作为人类生存的生产工具和战争时的武器，各个时代所用质料各不相同，但用玉作工具和武器的只有我们智慧的先民们，这是世界上其他任何民族所没有的。

羽人饰 [西周]

这里不谈中国社会发展史，主要是介绍一下中国的玉文化。

我国最早的玉器出土远在8000年左右的内蒙古敖汉旗兴隆洼文化的墓葬中，在墓主人左右耳部各发现1件玉玦。玉玦制作精美，环形而有一缺口，是主人生前佩戴在耳上的饰品，这是我国发现最早的玉器。与兴隆洼相距不远的辽宁阜新查海遗址，

咸［西周］

发现距今7000多年的原始部落遗址，经过考古发掘出土许多玉器，有玉玦4件，玉珠1件，玉匕形饰2件，玉凿1件。经过地质学家研究鉴定，这8件玉器中，除玉凿是阳起石和田玉外，其他7件都是透闪石和田玉。这些玉器是我国经过鉴定的最早的真玉器。以后在浙江杭州湾南岸宁绍平原的河姆渡文化、陕西南郑龙岗寺文化、辽宁红山文化等等，都发现了大量的玉器，玉已成为中华文化的一条主线，从古贯穿至今。中国玉文化在中华大地

兽形玦　红山文化

上延续了7000多年，从新石器时代早期已经开始，人们将玉作为美的化身始到现在。玉，在每个时代都被赋予非常丰富的文化内涵，它是物质美和精神美的完美结合，在中华大地历史长河中，每个阶段都具有不同的功能，在历史上起着不同的作用。

（1）石器时代：玉是美的代表、美的化身。这个时期大致在公元前6000年前后的时间内。在漫长的石器时代，人们在生产（狩猎）、生

活过程中逐渐地将石和玉作了区分，对玉有了朴素的认识，用它做简单的装饰品，如发现的玦、匕、珠等。

（2）到了新石器时代晚期，由于对玉的美化发展到对玉的神秘化、神圣化，人们把玉作为神灵的代表或沟通神灵、祖先的神物。这个时代大致在公元前4000年左右的时间内，因为生产力的提高，玉器手工业发展很快。表现在出土的玉器地域范围大大扩大，如辽宁西部、内蒙古东部、河北

璋　龙山文化

北部、江苏、浙江、湖北等地，以及其他地方也有发现。出土的中华第一龙、猪龙、兽形玦、琮、璧蝉等。"以玉事神"很流行，玉琮祭天，圆璧祭地，出土的玉斧、玉钺。良渚文化墓葬中，一处就出土了玉璧50多件。《越绝书》中说："夫玉亦神物也"，认为玉是"神物"的思想，在原始社会人们的心目中已经形成。玉饰品、巫觋、神灵三者紧密地结合在一起，这时玉的神秘化、神圣化、神灵化已经形成，扎根在人们的心中。

（3）奴隶社会时期：玉进一步被等级化、礼仪化，成为为等级制度服务的重要礼器之一。这个时代大约在公元前2000年左右，属中国的夏商时期，这时出土的玉器主要有钺、戈、圭，有孔刀以及璧、琮等。在这个时期，可以说玉器的制作和使用到了一个繁荣期，仅在殷墟王陵区发掘的1001号墓中就出土残

猴形坠饰　新石器时代

玉戈、玉斧、玉刀等30余件。这时的玉器
已成为重要的礼器。

（4）在奴隶社会到封建社会的转换期，
约在公元前1000—前300年左右的时期，和
田玉已广泛得到应用，已被儒家学派赋予了
许多美德，玉已成为"人格化、道德化"的
标准了。"君子比德于玉"。玉有五德、九德、
十一德就是在这个时候提出的。

串项饰［西周］

东周以来的玉德学说，提出了玉有仁、
义、智、勇、洁五德的说法。自从玉被人格化、道德化后，玉在人们
心目中的精神作用被大大提升了，它不仅是物质美，而且是精神美的
代表和化身。佩玉已成为春秋战国玉器的主流，"君子无故玉不离身"，
"君子比德于玉焉"。

（5）在两汉时期（公元前后500年左右），葬玉得到空前的发展。
人们迷信玉能使尸体不朽，人吃玉可以长生不老。因此，玉的随葬品
大增，食玉成风。可以得到证实的是，1968年在河北满城中山王刘胜
和王后窦绾的墓葬
中发现了两套完整
的金缕玉衣，玉衣
全长1.88米，由
2498片玉组成，编

龟形坠饰［西周］

兽面纹佩饰［西周］

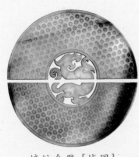

蟠纹合璧 [战国]

织玉编的金丝估计重1.1千克左右，而且还出土了大量的玉塞、玉握、玉含、缀玉面幕等等。这个时代的伟大诗人屈原曾写有"登昆仑兮食玉瑛，与天地兮比寿，与日月兮齐光"的诗篇，由此可以证明当时人们对玉的崇拜、热爱，达到视"美玉可餐"的境界。有"玉亦仙药"服者其寿如玉之说，"琼浆玉液"成为人们最美好最理想的食品了。

到了隋唐以后，礼仪用玉和丧葬用玉基本结束，但"以玉事神"的思想继续存在，并一直延续到封建王朝结束。玉器这时已由神秘化走向世俗化，为现实社会生活服务成为玉器的主流。当然由此可以看出，玉器发展的各个阶段不是孤立的，都有着紧密的连续性。时至今日，玉器的"神秘化""神圣化"功能仍未消失。《红楼梦》中的贾宝玉身上的"灵通宝玉"就是神秘化的一个典型。玉文化的精神直到现在仍在人们心目中保持着，而且还在不断发扬。佩玉祈福、戴玉吉祥，显示尊贵及文化修养的思维不会被抹去。

从上述中国玉器的五大功能可以看出，中国玉器从原始社会开始，就和意识形态联系在一起，它和古代人的生活习惯、宗教信仰、祭祀礼仪、政治思想、道德信条、丧葬制度等息息相关，

舞人佩 [汉]

莲瓣形发冠［宋］

是其他任何质料器物所不能代替的。玉文化因此成为中国文化的重要组成部分，深入了解玉文化对了解中国的文化具有十分重要的意义。看一看中国玉文化史，玉由美的化身，走向神秘化、神圣化，再走向礼仪化、道德化、等级化，直到现在的通俗化，它好像一根红线贯穿于整个中国的历史与文化中。

第四节　白玉河中仔玉"天上"来的吗

几千年来和田玉的主要产地在今和田市的玉龙喀什河（白玉河）和喀拉喀什河（黑玉河）。那么这些河中谜一样的和田玉仔玉是哪里来的呢？这个千古之谜，几千年来尚未解开。它的原生矿直到现在仍然在推测和猜想中。特别是20世纪50年代以后，新疆的地质勘探队员多次逆河而上，决心找到"仔玉"的出生地，可是每次都是被冰山雪岭所阻，终没有收获。近几十年，和田玉一直是地学界争论的热门话题，虽然众说纷纭，但是多数专家仍然认为：和田白玉河中的仔玉原生矿床深居冰层之下，冰川移动时，把玉石挖掘搬出，冰川的流动和洪水激流又把它搬出昆仑山。在激流中与其他河中砾石相互撞击摩擦，越滚越圆，越磨越光润，当洪水出山口流速减慢，河床变宽，所夹带的玉和石俱沉下。山口沉降的仔玉较大，随着向下游的流

鸳鸯柄圆盒［宋］

水越变越慢，越来越小，夹带的玉和石的块度也越来越小。号称"玉石之魂""玉石之精灵"的和田仔玉就这样出了莽莽昆仑，来到了人间。

　　笔者在和田考察时，当地人给我讲了一个神话故事：居住在昆仑山中的西王母，治国有方，为人和善，获得百姓高度赞扬，也感动了天上的玉皇大帝。玉皇大帝为奖赏西王母，把他最珍贵的宝物，晶莹剔透、滋润光洁的一块玉璧，派一条龙和一只龟驮着下了天界赏给西王母。西王母感激不尽，非常激动，她不忍心将这么贵重的玉璧留给自己享用，她要昆仑山下的百姓共享这块美璧。于是令龙和龟将璧驮至昆仑山的大河中抛下，使它飘到下游百姓居住地。不料龙和龟将玉璧抛入河中时用力太猛，玉璧碰到河中的巨大滚石时，碰碎了。因此现在看到

糖白玉(蝉)挂件

的和田仔玉都是玉璧的碎块，这条河百姓叫它白玉河（玉龙喀什河——维吾尔语），这条河中的仔玉原生矿床也根本没有办法寻找。为了纪念玉皇大帝的恩典和西王母的赏赐，和田人用和田玉雕刻的"龟龙献璧"，很受人们欢迎。笔者就亲眼看到这样的题材工艺品多件。

　　人们在过去对一些自然现象无法解释时，往往以神话传说解释自然之谜，这也是人类发展过程中的一种现象吧！

羊脂玉(人生如意)佩

昆仑山黄羊岭

　　昆仑山中的玉河不止是和田市的玉龙喀什河，喀拉喀什河可以捡玉、捞玉。在历史的记述中，叶尔羌河、策勒河、克里雅河都有仔玉产出。可能因为历史的变迁，玉石业的兴衰起伏，许多产玉的河流被现代人们忘记了。玉石爱好者考察这些河流时，应时刻注意脚下，说不定玉石就踩在你的脚下呢！20 世纪 90 年代初，笔者去巴音郭楞蒙古自治州若羌县考察时，在距若羌县几十千米的用卵石铺垫的公路边，同行的一位同事还捡到过一颗 20 克左右的和田

青白玉 (龙把碗) (宋)

青玉 (旺旺) 挂件

玉的青白仔玉呢！那些铺垫公路的砾石是从哪里拉运来的，至今没有问清楚。若能找到仔玉产出的河流，逆河而追索定能找到和田玉的原生矿床。

小贴士

怎么一眼认出和田玉？

认识和田玉感性认识很重要，要长期观察。和田玉颜色很特殊，脂白、润白、青白、青、碧、墨、黄、糖。再看光泽，一般很滋润，多为油脂——蜡状光泽。还要看其结构，越细腻越好，另外观察是否有绺、裂、杂质。和田玉的光泽是从玉石深部反射出的，凝重感强。其他玉石没有油脂光泽。巴玉（巴基斯坦产的"大理石"，现在玉石界称为巴玉）光泽很刺眼，没有凝重感，轻飘飘的；石英岩（京白玉）在有些地方有玻璃光泽，像小镜片一样闪烁。

和田玉仔料

现在用玻璃伪造的玉很像和田玉，也没有气泡，而且功做的比较好，但总有蛛丝马迹暴露出来。

在市场上还可以见到白玛瑙，白色翡翠，还有淅川玉，它是由白云石及透闪石各占一半组成的，很像和田玉，但硬度不够，仅为4，光泽不够滋润，细腻程度还可以，总体上有点发黄、发灰。

和田玉与细腻的白云石很相像，我也曾碰到过多次，雕刻成工艺品，在市场上混装成和田玉。但它的硬度低，仅为摩氏硬度4级。还有独山玉的白色部分，也像和田白玉，可是它缺少凝重、滋润感，有一种轻飘的感觉。

和田玉仔料

一玉难求

第一节　寻玉难

"玉出昆仑"人人皆知。莽莽昆仑山，云遮雾罩，纵横几千里的冰雪世界里，全是刀劈斧砍的悬崖陡壁，号称"昆仑之精魂"的和田玉藏在哪里？怎样才能找到它的原生矿床，是千古以来人们追求向往的。笔者查看了一些关于和田玉的历史记载，大多

寻玉难

为采玉、踏玉、捡玉、挖玉的述说。如何寻找和田玉的原生矿床的文字少之又少。著名的和田地区于田县的阿尔玛斯（维吾尔语，宝石之意）玉石矿是这样被发现的：清末（1904年）于田县一位叫托达奎的猎人，在昆仑山深处狩猎时，用土枪铅弹射中了一只黄羊，黄羊中弹后血流不止，快速向大山深处跑去，这位猎人就顺着血迹追寻，翻越了几座大山，他在一个峭壁的小平台上找到

送福罗汉（羊脂玉）手把件

了死去的黄羊，他正准备背着猎物下山，却意外地在黄羊身下发现了两块白如羊脂的石头，爱不释手，在手上翻来覆去地看，几乎着了迷，他放下猎物，背回去了两块奇怪的石头。到家后，轰动了全村的人，一位正在收购和田仔玉的商人闻讯赶来，确认是块上等的羊脂玉，他用了一匹马和八匹绸缎换去了这两块羊脂白玉。

　　到了民国时期，天津人戚春甫、戚光涛兄弟想开玉石矿，请托达奎带路，就在这个峭壁上开始了"攻玉"，他们采的多为白玉、羊脂玉。延续到后来戚家兄弟采玉的矿坑就成了白玉、羊脂玉的主要产地，"戚家坑"也远近闻名。因为

羊脂玉手镯

羊脂玉章坯

棋盘乡

玉质有变化，白玉越采越少，戚家兄弟又将玉矿转让给了一位姓杨的商人，因而后来又叫"杨家矿"。

　　于田县，宝玉石开发公司的一位采矿老人说：远在200多年前，他爷爷的爸爸，打猎时发现了玉矿，报告给当时的清政府官员，还得到了一只猎枪的奖励。就是在20世纪50年代后期，现在的采玉人还在阿尔玛斯（维吾尔语，宝石之意）旧矿洞中发现清代采玉人留下的许多用墨笔书写的汉字。在这个玉矿采出大量白玉，最大的达200多千克。阿尔玛斯玉矿几乎成了和田白玉的出生圣地。阿尔玛斯验证了"玉也宝石也"的说法。

　　昆仑山中另一处产玉盛地是密尔岱山，这座山又叫"玉山"。古代神话传说皇帝的下都和所食的玉荣，西王母的瑶池、周穆王西巡攻玉之地都与此山有关。清代嘉庆四年（1799年）采进密尔岱山玉三："首者青，重万斤；次者葱白，重八千斤；小者白，重三千余斤。"我国现

存的最大玉件《大禹治水玉山》重5350千克，这块玉就是采自密尔岱山。

　　笔者在昆仑山北麓进行地质矿产考察时曾听到这样一个故事：从前皇帝派了一个姓米的采玉官，带着许多白银，在这一带招募采玉人进山寻玉采玉，当地人称"米大人"。当他们找到玉矿和采出大量的玉石运往京城横渡棋盘河时，突遇洪水，连人带骆驼和玉石全部被大水冲走，为了纪念这位"米大人"，从此这个采玉山就叫"密尔岱"。"密尔岱"是当地维吾尔语"米大人"的转音。这可能是"密尔岱"山名称的来历。现在这里仍保留着不少古时采玉遗址，其中最大的一个洞长60~70米，宽40米。从采矿遗址可以概略算出只是在这一带采出的玉石可达20万千克以上。我们从该县刚编撰出的一部县志中了解到："密尔岱"旧作"群勒"，位于叶尔羌城南35千米至棋盘庄……密

且末塔它里玉石矿

尔岱山是昆仑山中的一座小山，以盛产美玉而闻名于世。

另外，现在开采量较多的是巴音郭楞蒙古自治州且末县塔特勒克苏和田玉矿，这也是在古代开采的遗址上发现的，玉矿海拔4500米以上，到处是悬崖峭壁，交通十分不便。从1972年且末县建立玉石矿到2003年的32年间，共采出各种玉料2544吨，平均年产玉料79.5吨，目前是新疆和田玉原料主要产地之一。

第二节　采玉难

一位到过昆仑山考察采玉的记者，感慨地写道："采玉难，难于搬走万重山！"我国先秦诸子中的师子对昆仑山采玉曾写道："玉者，色不如雪，泽不如雨，润不如膏，光不如烛。取玉甚难，越三江五湖，至昆仑之山。千人往，百人返，百人往，十人至。覆十万

辟邪兽(白玉)摆件

之师，解三千之围。"由此可见和田玉的珍贵难得，采玉者十有八九不能返回。这里虽说的是古代采玉的艰辛，但现在采玉之难也有过之而无不及。笔者曾经和多位现在的采玉矿长交谈过，当他们谈到他们采玉的经历时，心情总是很沉重。原新疆且末县玉石矿矿长李绍恩说："和田玉矿绝大多数都分布在4000米以上的高山峻岭中，还有许多在5000米以上的雪线上，根本没有路，生活用

白玉(梅花壶)摆件
(俏色)

羊脂玉（佛）摆件（仔料）

品、开矿工具，开下的玉石全靠人背肩扛。有一年进山采玉，我先行了一步，路上遇到了雪豹，骆驼受惊狂跳，我被摔下山沟，后面的人，以为我已上了矿山，到矿上才发现我已丢失，待矿友们找到我时，我在山沟里已昏死了三天三夜……矿工们在高山缺氧环境中得心脏病而离开人世的有，采矿寻矿迷路失踪的有，身背玉石在陡壁上行走失足摔死的有，和田玉是用鲜血和生命换来的啊！"

现任且末玉矿矿长田宝军，可以说是昆仑山中的老玉人，在一年四季大风呼啸雪花飞舞的昆仑山中采玉已近30年。他说：和田玉多数隐藏在冰层下。他幽默地说："冰清玉洁"这一成语是不是就指这种现象。在昆仑山采玉这么多年，没有见过树叶绿，小草青，花儿红，每天都是冰雪围着我们。在这永无春天的冰雪世界里几个月没有吃过菜，天天清水泡馕（一

且末塔它里玉石矿

白玉（辈辈侯）佩

种大饼样的食品）是常事。闲暇时面对着冰山和白云蓝天聊天。坚强的玉工们在采世界上最纯洁的美玉，可是美玉也在考验着采玉的矿工，要想得到人间美玉，就必须付出艰苦的劳动，经得起寂寞的考验。田宝军矿长说：有一年有四个青海采玉人，在昆仑山里迷了路，经过三天的爬山越岭到了我们的工地。当时还把我们吓了一跳，问清情况后，我们让他们吃、住几天，待他们身体恢复后，我们又送了他们一程，使他们返回到了青海的采玉矿区。田矿长说：大家都是昆仑山里采玉人，相见分外亲，不分什么新疆人、青海人，都是为采美玉才有缘相会的……我们新疆采玉人，有时也会走进青海，茫茫昆仑，一层冰雪世界，都是高山峻岭，谁也说不清哪是新疆的昆仑山，哪是青海的昆仑山。

　　采玉又称"攻玉"。"攻玉"有两种含意，一是指加工琢磨玉，如《诗经小雅》中说："它山之石，可以攻玉。"一是指开采玉，如《穆天山传》中所说：周穆王十七年（公元前960年，笔者注）西征至昆仑山，攻玉，下河捞玉。"天子攻其玉石，取玉版三乘，载玉万只而归。"这里所说的攻玉是指采玉之意，由此可

白玉炉

见在昆仑山中采玉远在3000多年前就已开始。在昆仑山中采玉盛时是在清代，据记载："于田贡大玉三，大者重二万三千余斤，小者亦几千斤。"现珍藏在故宫的《大禹治水》玉山，就是从昆仑山中采出，重5350千克，用了3年时间运到北京后又运到扬州，又用了6年时

采玉驼队

间才雕刻而成，1787年8月又从扬州运到北京，现在是我国最大的和田玉雕工艺品，堪称国宝。

开采昆仑山中的和田玉全盛时期是20世纪50年代以后。以且末县玉矿为例，建矿35年以来，平均年开采玉79.5吨。当然这35年中每段时间采玉量亦不相同，其中20世纪70年代，平均采玉120.9吨，20世纪80年代年采玉料49.4吨，20世纪90年代以后（1991—2003年）的13年采出玉石890吨，年均采玉68.5吨。随着社会的需求，市场需要不同，昆仑山中的采玉量亦有所不同。

最近几年，特别是20世纪90年代后期，昆仑山中采出多块巨大的玉石，2005年且末县玉石矿就采出四块巨大的玉石，其中最大的一块重10吨，其他的三块分别是7.1吨、3.3吨、2.7吨。这么大的玉石在昆仑山的采玉史上是不多见的。

在悬崖陡壁上采出的玉石，有些是往山下滚动，有些是顺着山坡往下溜，小块的人背肩扛，背扛到牲畜能到达的地方，再往下驮，驮到汽车能到达的地方，才算将玉石运下了山。每百斤玉石往往要辗转多次，7～8天后才能出山。历尽千辛万苦，美玉才能来到这美好的人间，它才能登上大雅之堂，被做成各种人们爱不释手的佩饰，装点着这美好和谐的世界，寄托着人们的祝愿与希望。

第三节　捞玉难

和田玉因产于新疆的和田而得名。和田河中捞玉亦有几千年的历史。

在我国第一部史书中就有和田玉河的记载：张骞曾派人勘察过玉河，河中多玉石，采来，天子案古图书。就是说用河里捡来的玉石，做皇帝的玉玺。据我国考古工作者找到的我国最早的一颗玉印，汉高祖吕后的"皇后之玺"就是用白玉制成的。后晋时期天福三年（公元938年）张匡邺曾出使于阗，他记叙了当地产玉的地方："玉河，在于田（即和田，笔者注）城外。其源出昆山，西流一千三百里，至于田界牛头山，乃疏为三河；一曰白玉河，在城东三十里；二曰绿玉河，在城西二十里；三曰乌玉河，在绿玉河西七里，其源虽一，而

和田玉石巴扎交易现场

青玉手镯

其玉随地而变，故其色不同。每岁五六月大水暴涨，则玉随流而至，玉之多寡，由水之大小而异。七八月水退，乃可取，彼人谓之捞玉。"现在的和田市，有两条河，东边为玉龙喀什河，维吾尔语意为捞玉河，即古代的白玉河。西边的叫喀拉喀什河，维吾尔语为黑玉河，现今河边的墨玉县名即由此而来。

在白玉河中捞玉：一是下河用脚踏，当地的维吾尔族捞玉者就有这样的本领。他们在河水中踏、踩，脚能辨出哪是石、哪是玉。一位老人告诉我：脚踩在石头上和玉石上感觉是不一样的；石凉玉温、石坚玉软、石涩玉滑。笔者也曾亲自下河试过，可我的感觉玉石和石头都一样。回到和田城告诉老人，老人哈哈大笑着说："我一说你就能踩到玉石，这就不叫本领了，要长时间的琢磨体验才行。"老人拍拍我说道："要多吃点苦，受点罪才行，踩玉不容易啊！"

古代在白玉河中捞玉有一套严格的制度，据高居诲在《行程记》中记载："其国之法，官未采玉，禁人辄至河滨者。"《新五代史》说："每岁秋水涸，国王捞玉于河，然后民得捞玉。"由此可知，

玉龙喀什河踏玉

古代的王公贵族亦知和田玉的珍贵。采玉季节开始，要举行捞玉典礼，国王亲自到场，象征"捞玉于河"，而后才允许国人捞玉。古代捞玉有官捞和民捞。首先是官捞，在官员监督下，制定了严格的捞玉法规——

有朋自远方来(和田玉)摆件(仔料)

《采玉法》：远岸官一员守之，派熟练捞玉人或30人一行，或20人一行截河并肩，赤脚踏玉而步。遇有玉石，踏玉人知之，躬腰拾起，岸上即击鼓一声，官即过朱一点。待到日落西山，踏玉人出水上岸，即按所击鼓声次数，索取玉石块数。清代福庆在一首诗中有这样的描述："羌肩锨足列成行，踏水而知美玉藏。一锤鼓声朱一点，岸波分处缴公堂。"可见那时官方捞玉制度的严格，官兵层层把守，珍贵的和田玉只能归官员所有，百姓只有当捞玉人，做苦工，过着奴隶般的生活。

民间捞玉，清代前期是禁止的，为阻止民众自行捞玉，清政府在和田城外之东西河共设卡12处，专为稽查捞玉者。直到嘉庆四年（1799年）才开禁，规定在官家捞玉之后，在官家捞玉河段范围之外，普通百姓才能进行捞玉，人们在白天或晚上分散捡玉或捞玉。

当地的百姓们三五成群，手挽着手，在河中"踏玉"时边踩边唱：

白玉白玉多美丽，

罗汉(羊脂玉)摆件

藏在水中真委屈，

来到人间并不难，

碰碰我脚就可以。

歌声伴随着哗哗的流水声和咕咚咕咚河中河卵石的相互撞击声，显得流金淌玉的白玉河更加神秘莫测。

从古至今，和田的白玉河，不但有捞玉、踏玉，还有"望玉""挖玉"的采玉方法。明代科学家宋应星在《天工开物》一书中给人们以答案。在白玉河捞玉图中，可见人们于月光之夜在河边察玉。他在书中写道："凡玉映月精光而生，故国人沿河取玉者，多于秋间，明月夜望河候视，玉璞堆积处，其月色倍明矣。"有"月光盛处，必得美玉"的历史记载。

踏玉、望玉、挖玉的古老采玉方法一直沿用至今。1977年和田牧羊人居玛、买买提两人，在终年积雪的卡西尔黑山下河口处，下河踏玉时，捞到一块158千克的羊脂玉。

1980年8月有一位捞玉的维吾尔族中年汉子，坐在玉龙喀什河岸

玉龙喀什河挖玉

边（白玉河）一边抽着"莫合烟"（自制的烟卷），一边仔细地观察着河水中的浪花，突然他眼睛一亮，发现有一处浪花白得出奇，他立即蹚水下河，直奔银色的浪花处，从翻滚的白色浪花下发现一块上等的和田白玉。他组织多人，拉拽并用拖到岸边，运回和田用秤一称，又一阵惊喜，白玉重达472千克，这么大的仔玉在和田河中从古至今是

羊脂玉手镯

不多见的。这块巨大的白玉经国家收购，运到扬州玉器厂，在玉雕艺术大师们的精心设计、雕琢下，经过8年的"精雕细刻"制作成一件《大千佛国图》，共雕刻了83个佛教人物，并有佛、寺、庙宇、息足凉亭等，玉质之美，玉雕之精，绝伦无比堪称国宝。制作这件和田白玉雕艺术珍品的大师们，受到江苏省人民政府的嘉奖，并颁发了嘉奖令。

第四节　挖玉难

河流入戈壁，玉石沉积夹杂在砂砾层中，如现在的和田地区洛浦县的大胡麻地、小胡麻地即属于此类，这些地方也是古代采玉的重要地区。人们在"星辉月暗候沙中，有火光烁烁燃，其下即有美玉，明日坎沙得之"，而且挖得的多为羊脂白玉。

挖玉，前面已经说过，是古老的白玉河岸采玉的一种方法，在清代一度很是益盛。挖玉是在离开河床的河谷阶地、干滩、古河道和山

前冲积、洪积扇上的砾石层中挖和田仔玉。清代诗人肖雄曾记载，大小骡马地，两地产枣红皮脂玉，在沙滩中掘取……民国时期谢彬于1916年到和田，在《新疆游记》中说："小胡麻地，前清于此采贡玉，居民达千余户。"

因为近几年和田玉市场的迅速繁荣，古老的"踏玉""捞玉""望玉"已远远跟不上市场的需求，在玉龙喀什河（白玉河）两岸，洛浦县一带迅速掀起了挖玉潮。据报道：1989年11月8日在洛浦县玉龙喀什河东岸，帕什塔克山下挖出一块重达64千克的白玉。白玉呈不规则圆形，一面细腻晶莹，一面较粗糙，但仍不失为是一块尚好难得的白玉。

进入到21世纪，和田挖玉处于无序状态。2006年9月17日《洛杉矶时报》以"经济利益的驱动——和田玉正被灾难性开采"文章报道："那些财富猎人寻找的也不是平常的玉石，而是数世纪

江山如画(和田玉)摆件(仔料)

白玉鼻烟壶

以来赢得中国最高声誉的和田玉。随着越来越多的人在这层旧河床及周围的山上筛选，专家担心，中国已在丧失'灵魂'。"该报继续写道："现在约有2万人，2000台重型机械在该地区工作，给地面留下深沟最深处达30英尺（1英尺约0.3米）。大型机械留下的斑斑痕迹已威胁到自然平衡，可能导致资源枯竭。政府宣布所有沿河商业性开采都是非法的。"从2002—2006年在白玉河中究竟挖出多少玉，很难统计，以每年每台大型机械挖出500千克计算，每年挖出的仔玉可达10万千克（即100吨），五年就是500吨。笔者也曾几次前往调查挖玉现场，认为如不立法根治，不但破坏生态平衡，还会使和田仔玉资源流失殆尽。我们应该如何面对几千年的和田玉光辉历史，又该如何面对我们的子孙！

对和田玉仔玉千万不能掠夺式地开采，要珍惜，要保护我们的和田玉宝贵资源。

第五节　雕玉难

"玉不琢，不成器。"一块再好的和田玉原料如果不进行雕琢，它也仅仅是一块美丽的石头而已。如果经玉工大师们精心设计，精心雕琢，它就成了一件宝物，身价升高百倍。

玉雕，是中华民族文化艺术宝库中一朵最艳丽、芳香四溢的花。它具有悠久的历史和浓郁的民族艺术特性。中国的玉雕工艺从新石器时代就开始了。当时玉和石还混淆在一起，在生活的实践中人们逐渐认识了玉，它不但外表很细腻、光润，内质也非常坚韧。人们对玉的兴趣越来越浓。考古发现：新石器时代玉多用在生产工具上，有玉斧、玉铲、玉刀和形状非常简单的玉璧、玉璜、玉玦、玉珠等。夏、商、周时代成为贵重之物，逐渐进入玉器的工艺时代，祭天用的玉璧，祭地用的玉琮，传达王令的玉圭，封官拜爵用的玉佩等。汉代以后玉多用于装饰品，唐代佛教盛行，用珍贵的白玉雕琢成尊贵的佛者甚多。宋、元时代玉雕业达到了相当高的水平，宫廷中设有"玉院"，已有浅磨深琢、浮雕圆刻的工艺。现留存在北京北海公园内的"渎山大玉海"，外壁雕满海兽、飞禽之物，气势壮观，造型雄伟，就是那时的代表作之一。到了明清时期，是我国玉雕业的鼎盛时期，明代宋应星的《天工开物》中有"良玉虽集京城，工巧则推苏州"的记载。这时的玉雕大

磨玉老人

师陆子冈技压群工，明人张岱称赞陆子冈是"吴中绝技"，"俱可上下百年，保无敌手"，直到现在子冈玉牌仍很"吃香"。它独具风格，有独到之

精心研究和田玉工艺品

处，令人赞美。

清代是我国利用和田玉雕琢玉器的高峰期，在宫廷中设有"玉器造办处"。皇宫中收藏玉器极多，除历代留下的玉器，最有代表性的是《大禹治水图》玉山巨作，它是目前世界上最大的和田玉件，集玉雕之大成，是古代和田玉雕品的代表作，堪称国宝。

珍贵的和田玉工艺品，过去只是皇亲国戚达官贵人的专用品，普通百姓连看一眼的"福气"都没有，更不要说购买摆设了。和田玉工艺品真正进入普通百姓家是20世纪50年代以后的事，自那时到现在和田玉的产量、工艺、身价都有着空前的发展与提高。

目前在我国评定出多位玉雕大师，在新疆评定出的玉雕大师有马学武、马进贵、郭海军等，他们用巧夺天工的技艺，把和田玉琢磨成玲珑剔透的工艺品。他们用去了很多宝贵的时间去仔细观察原料，耗去大量的心血进行设计琢磨。一件和田玉工艺品大致要经过：除剔表皮、量料取材、勾形开料、

白玉（双龙耳玉杯）[清代]

碧玉(花熏)摆件

设计绘画、精心琢磨和抛光磨亮等多种工序，最后才能完成一件珍贵的玉雕品。

一件珍贵的和田玉工艺品，玉雕大师们要严格遵循因料施艺、挖脏去绺、俏色巧用、化瑕为美的原则。做到既不失和田玉天然神韵，又赋予其丰富的文化内涵。一件成功之作要能够看不出雕琢的任何痕迹，好像自然形成的一样，达到以玉传神，感觉它的生命气息，觉得它有灵魂，有生命，能引起人们的无限遐想。总之，要雕琢成有神韵、有动感的艺术珍品并非易事。

众所周知，"三分玉，七分工"，就是指雕工一定要体现出精神。再好的玉料，如果雕工非常粗糙，可以说是一种极大的浪费。同样两块玉料如果加工雕琢成

和田玉(觉知音)摆件(仔料)

不同的两件工艺品，它的身价可以相差几倍到几十倍。

　　在这里还要想多说几句，玉雕大师们在雕琢和田玉工艺品时，可以说是心平如镜、全神贯注。他们雕的不是一件简单的工艺品，他（她）赋予的是大师的精神、灵气，注入的是玉雕大师们的生命。笔者听过许多著名玉雕大师们的学术报告，亲自访问过他们，他（她）都异口同声地说：玉雕大师的精神境界有多高，雕出的工艺品的精神境界就有多高。和田玉工艺品不但要形态美，更重要的是精神美。

　　是的，一块和田玉经加工雕琢后是有"灵气"和"生命"的物体，笔者有深切的体会。

　　可以这么说，一件珍宝似的和田玉工艺品来到人间，满足人们祭祀、祈福的愿望，典雅、豪华则显示出人们的品德、素养、精神追求……得到一件遂情如意、赏心悦目的和田玉工艺品是多么的不容易啊！寻玉难、采玉难、捞玉难、挖玉难，雕琢玉器更难。可以说和田玉工艺品是人们用精神和灵气浇铸而成的！

观音（和田玉）摆件（仔料）

小贴士

和田玉的仔料和山料怎么区分？

仔料（仔料、子料、籽料）我认为仔料的"仔"字应当用"仔"，而不应用"子"或"籽"。因为仔料，它既不是儿子，也不是会生长发芽的种子，它是由整块山料剥蚀下来的小块玉被流水冲到河流的中下游，因此应该称为"仔玉"。

仔玉是从昆仑山流下的河水中捡拾的或在古河岸挖掘出来的。经过几十万年，上百万年的磨撞，大部分呈浑圆状。因为砂石的撞击，形态自然且表面往往有一些撞击小麻点，有人称谓"牛毛孔"。但要注意也有伪造的，伪造者将山料磨圆后，放入震荡机，再放上花岗岩，石英岩的碎块做上下震荡，也能砸出"牛毛孔"。但其形态不自然，棱角折线明显。

山流水：是介于仔玉和山料之间的一种玉料，它既保持有山料尖棱尖角的形态，也有仔玉浑圆状的外形，即使尖棱尖角被初步磨圆，但磨圆度不高。

山料：即从原矿床开采出来的玉石尖棱夹角，大小不一，形状不规则。

仔料的表面杂质称为皮，皮往往也有各种颜色，这些颜色多为 Fe_2O_3 转换成 Fe_3O_4 而形成的。在清代就很重视仔料的开采与皮色，就在今日的新疆和田地区策勒县境内的大小胡麻地，挖仔料者曾达几千人。

和田玉的开采，追溯最早都是采集仔玉，而山料的规模开采只是在清代时才开始，著名密尔岱山和阿尔玛斯玉矿开采都是始于清代。

把
玩
艺
术

系列图书

42

叁

慧眼识玉

第一节　和田玉与其他玉石的区别

前面已经说过，以和田玉特有的颜色和光泽，不难将其与其他的玉和石区分。但对于一个初涉足和田玉者来说，一定要经过一段时间的观察与磨炼才能比较熟练地识别和田玉。这里介绍几种和田玉与相似玉的识别方法。

白玉与汉白玉、京白玉、白色玻璃的区分。

白玉：目前市场上标示的白玉，就是指的和田白玉，主要由透闪石矿物组成的，化学成分为：$Ca_2(Mg、Fe)_5Si_8O_{22}(OH)_2$，晶质——隐晶质集合

罗汉（白玉）手件

体或呈纤维状集合体，毡状结构，呈油脂——蜡状光泽，硬度多在6.5以上，小钢刀刻划不动，它的棱角可以划动玻璃，手摸有油脂感，手握有似重感，滋润光洁，看得多了可以体会到它的光泽是由玉石深部发出的，均匀柔和，这是其他任何"玉"或石所没有的。

汉白玉（又称阿富汗玉）：目前市场上多以这种价廉的"玉"冒充和田白玉。汉白玉（阿富汗玉）实质上是一种大理岩。特别是阿富汗玉结晶细腻，光泽也柔和，白度酷似白玉，听其声音也很清脆。实质上它的化学成分是碳酸钙（$CaCO_3$），由一些微晶状的方解石组成，硬度是3，用小刀轻轻一划就可划出一道痕迹，遇盐酸会剧烈地起泡，在购买和田玉大小工艺品时都应注意它与白玉的不同。现在市场上有各种各样阿富汗玉的饰品和摆放件，购买时一定要慎重。

京白玉：它是一种石英岩类，白色，细腻，硬度与白玉相同或略高，很像白玉，有些地方称为"油石"，最容易与白玉相混，它具有玻璃状或蜡状光泽，化学成分是二氧化硅（SiO_2），或略有一些其他杂质。在购买时可在

破壳而出(白玉)手件(俏色)

墨玉手镯

擒龙罗汉(糖白
玉)手件(俏色)

强光下反复观察，在没有打磨到的地方偶然可发现镜面似的小闪光层，这时应特别注意它是否为和田白玉，市场上有用各类石英岩制作的各种饰品，有些故意将其标成白玉，其实它与白玉有本质上的区别。

　　白色玻璃：在一些不规范的市场上，往往有一些以白色玻璃冒充白玉的现象，笔者曾遇到过许多次，但玻璃没有白玉那种凝重，有一种轻飘飘的感觉。在玻璃饰品中，往往有小小的气泡，多呈圆形状，如果发现气泡可以肯定它不是和田玉。但要特别注意的是现在市场上已经出现没有气泡的"玻璃白玉"，笔者鉴定过多次，硬度、颜色、光泽、质地……与白玉极为相似，有些饰品还故意弄些瑕疵，只是没有白玉那么油润光洁，这点特别要应引起读者注意，这些饰品往往在其不被人注意，加工琢磨不到的地方露出玻璃光泽的"马脚"，要注意观察研究才能发现。

擒龙罗汉(糖白
玉)手件(俏色)

　　另外，还有以细碧岩冒充和田碧玉的，以细晶辉绿岩冒充青玉的，以黑耀岩冒充墨玉石的……笔者均有所发现。在购买和田玉原料或工艺品时，如果自己不懂，应多观察，到信誉高的大店购买一般不会出大错。

第二节　如何识别和田仔玉真与假

　　仔玉又叫"子儿玉"，也有写成"籽玉"的。仔玉是原生矿经冰劈，水冲剥蚀下来，又被冰推或流水搬运到河的中下游。它多分布在河床变宽、流水变缓的河岸阶地或河床底部。"仔玉"，从名称上就可以得知它一般较小，外形多呈卵形或圆滑的弧线形体，表面光洁，因

白玉(八瓣花形杯)[唐]

长期在河水中被砂石打磨，光滑圆润，一般质量较好。

　　仔玉一般带有一些皮色（表皮有一种颜色）如：黑皮仔、鹿皮仔、秋梨皮、虎皮仔、栗皮仔、枣皮仔，过去有一句话"仔玉带红价值连城"，特别是白玉仔表皮有红色，价值可以高出普通仔玉数倍。皮色一般厚度都在1毫米左右，皮色形态各异，云朵状、散点状、脉状、流云状等等。它的形成主要是和田玉中的氧化亚铁在氧化条件下转变成

碧玉项链

和田玉仔料

白玉手镯（仔料）

三氧化二铁所致，是次生的颜色。大家知道大戈壁中的鹅卵石表皮多呈黑色、褐色，那是因为石头中的二价铁，在风吹、雨淋、日晒长年累月而形成表面一层"沙漠漆"的道理是一样的。

在古代《玉说》中就有："仔玉产于河内，随流涌出，水落后暴露滩间，日风散，水荡砂磨，久久而玉体生膜，肤里淡赤色，似秋梨，谓之秋梨皮，价亦较常品倍之，然其皮色总以秋梨为定评，过深过浅皆非所善。"可见中国古时对和田仔玉已有相当深刻的认识。据资料查证，用仔玉最多的是在明清时期，利用仔玉随形就势雕琢成山水、林木、人物、亭台楼阁。取材珍贵，加上精雕细刻成工艺品，是和田玉雕品中珍贵收藏、观赏品。在一般和田玉工艺品中，仔细看一看标示的名称你就会发现："玉山"一般是指的是用山料雕琢成的，如北京故宫中的《大禹治水图》等。"山仔"则是仔玉

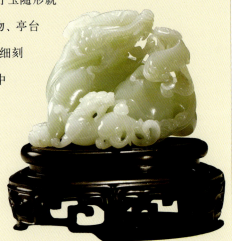

代代平安（羊脂玉）摆件

羊脂玉链子壶

雕成的。两者价钱有很大的差异。正因为仔玉难求，好的仔玉更难求，仔玉挂红者可说是难上加难也求之不得。

正是这样的难得，所以人工磨光仔玉和染色和田仔玉在市场上常常出现，以假乱真。在这里笔者概略地谈谈真假仔玉识别法。

磨光仔：原本是山料，人为加工成仔料。磨光仔的外形很"死板"不随和，往往有切割打磨的痕迹，表面光滑平正，没有砂磨水冲的"麻坑"。磨光仔再加上人工染色，往往高出山料数倍的价格出售。在购买和田玉仔玉时是要多观察、细观察，哪怕发现一点疑点，都要注意。因为仔玉稀缺，在购玉时特别注意"玉托"。曾发生这样的事情，有一个人亲自带着购玉者，前往挖玉现场，在现场交易。卖玉者售玉前将磨好的仔玉预先埋在采玉地，挖掘几天后，突然发现一块大仔玉，几十万成交。购玉者心不踏实，要鉴定一下，后经专家鉴定认为是磨光仔，大呼上当。有人笑问购玉者：你亲眼见到是怎样挖出来的，但他们是不会让你看

羊脂玉手链

到是怎样埋进去的，"眼见也不一定为实"。

仔玉加色：现在仔玉加色好像人人都知道，人人看不准。主要是因为很难判断它的真伪。

和田玉仔玉加色远在宋代已有，到了明清就很盛行。而现在手法更加高明，如用氢氟酸、硝酸腐蚀法，高温高

佛（糖包玉）摆件（仔料）

压蒸煮法。茶叶水、中药水、烟叶水的煮法，三氧化二铁调油高压注入法。如红、黄玉料，作假者用染毛线的红、黄颜料加酸后，选择没有皮色的仔玉共同放入滚烫的水中，反复加温，使玉料的裂缝和带石性的空隙处染料浸入，充满红或黄红色后，用清水洗之，多余颜色用细砂纸磨掉，再涂上蜡或油，使玉料与染色成为一体，以便高价售出。红皮染法是用杏干、青核桃皮和仔玉一起放入罐内用小火煮几天，颜色渗入玉内，再磨去浮光，上一层石蜡就成功了。

当然还有用其他办法加色的，如化学法、激光法等等。随着人工加色方

和田玉（喜相逢）摆件（仔料）

法的多种多样，运用科学仪器检测方法也在增多，总之"魔高一尺，道高一丈"，假的就是假的，这就要鉴定者、购玉者要练出一副"火眼金睛"。

怎样识别染色的仔玉，这里提点参考意见：颜色均匀，鲜艳。在石性、瑕疵、绺裂处有颜色堆积，且内深外浅，没有过渡现象，玉石光泽暗淡，"呆滞死板"，没有鲜亮明快的感觉，就要特别注意了。另外有裂缝处颜色特别深，颜色分布非常规律，让人难以置信。颜色显得很不协调，有这种现象可以判定仔玉染色者居多。有人提出用刀刮、火烧的办法来检验颜色真伪，也不妨试一试。

应当相信：尽管染色方法很多，而检测方法也是不断在增多，科学仪器的应用也在增强。不论磨光仔的鉴别还是仔玉染色的鉴定都离不开最基本的方法，就是肉眼鉴定。购玉者、收藏家、鉴赏家一定要在实践中多磨炼，这样才能不被假象所欺骗。这就要下一番工夫了。"十年磨一剑""台上一分钟，台下十年功"，要多"眼炼"，实在拿不准就应该请专家诊断了。

这里顺便说一句，和田仔玉往往皮多，皮好而"肉"（玉质）却差，

佛（糖白玉）摆件

购买时不能只看皮不看"肉"，要皮"肉"兼顾。笔者认为皮少"肉"多者，"肉"为白玉或羊脂玉者则为上品。

辟邪兽（白玉）摆件

在仔玉中往往有石包玉（如果石皮全部为红或黄色则称"金包玉"），要判断包体中是否是玉，判断玉质如何，一定要仔细观察。在强光的透射下，去掉表面看本质再判断玉质如何。或许全是石而没有玉呢！另外还有一种半露玉，仔玉有一部分是石皮所包，只露出部分玉，这要正确判断其整体仔玉内玉与石比例了，也有全部是石，就只露出那么一点玉的呢！当然还有一种麻包玉，是石皮像麻布一样将玉包着，若隐若现，石、玉混杂，这就要慎重对待，正确判断究竟是石还是玉，就要有一定眼力了。

小贴士

关于用山料磨光充当仔料的问题

上面已经谈过，和田玉的山料和仔料其质量、价格相差非常悬殊。仔料贵而山料贱，仔料少而山料多，仔料质好而山料质欠佳，种种因素促成了用山料人工磨成仔料而进入市场，那么怎么区分仔料的真伪呢？

天然仔料是卵石状块体，块度一般较小，表面光洁、细腻、温润，并受水质侵蚀表面往往有红色的、黄色的、黑色的皮子，天然形状自然、和谐。

磨光仔，一般来说，仔细看棱角分明，有现代金刚石工具磨凿的痕迹。磨光仔透明度低，质地较粗，亮光外溢，没有凝重感，外形痴呆死板，不和谐。有些还有切割打磨的痕迹。因为判定仔料没有国家标准和量化标准，容易引起不必要的争执，这样往往给予不够诚信者以可乘之机，笔者的意见是只要是和田玉就行，仔料、山料不必过分苛求。

鉴别仔玉感性认识很重要，多看、细看、多对比，最好到仔料加工厂去看一看以便更直观地观察玉质等。

观音(羊脂玉)摆件

肆　选购、把玩与收藏

第一节　和田玉种类

和田玉石巴扎（集市）

一提到和田玉，人们就想到"羊脂玉""白玉"。其实和田玉目前已分为七大类（种），而白玉只是和田玉中的一类。"羊脂玉"仅是最好的一种白玉而已。

从古至今，和田玉

的分类都是以颜色为基础，另外结合着质地、光泽、透明度、绺、裂、杂质等，并参考着块度，这是分类总的依据和基础。

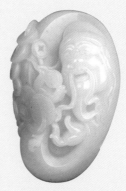

我国对和田玉的分类远在宋代就已比较完善，张世南所写的《游宦纪闻》中就有：玉分五色，大抵而言，现今中国所存的宝玉多出于西北部落、西夏、五台山、于田国。玉分五色：白如截肪、黄如蒸栗、黑如点漆、红如鸡冠或稍

财神（羊脂玉）手件

暗、如胭脂色。另外还有青碧一色的，高下地区最多见的就是这种玉。

傅恒等编纂的《西域图志》说：和田玉河所出玉有绀（紫红）、黄、青、碧、白数色。椿圆《西域闻见录》说：叶尔羌所产之玉各色不同，有白、黄、赤、黑、碧（绿）诸色。

由此可见，早在古代对和田玉的认识就已很深刻，分类亦很仔细，大致和今天的分类基本相同，只是因为过去的技术条件限制，分类没有今天这么完善而已。现在对和田玉分类也是大致相同，而对一些小的细节也各不相同，笔者就目前市场上对和田玉各鉴定机构所进行的分类大致叙述一下，以便读者参考。

《中华人民共和国国家标准》GB/T 16552~2003 将软玉、闪石玉、和田玉、白玉、青白玉、青玉并列在一起，具有同等的含义。在新疆的玉石市场上大家认为这一国家标准有些简单，结合和田玉市场的实际情况，自治区各鉴定机构作了一些修订和补充，使现在的和田

吉祥壶（羊脂玉）

玉分类既具有传统继承性，又具有现在市场急需的适用可操作性。目前，新疆对和田玉分类概括有：羊脂玉、白玉、青白玉、青玉、碧玉、墨玉、黄玉、糖玉等。结合一些鉴定部门的分类方案和笔者几十年来的切身体会简单将和田玉的各类特征叙述如下：

（1）羊脂玉：颜色羊脂白可稍泛淡青、淡黄，质地致密细腻，柔和均匀，油脂——蜡状光泽，坚韧，滋润光洁，状如凝脂，微量的杂质，是和田玉之最上品。

（2）白玉：以白色为主的和田玉，柔和均匀，偶见泛灰、泛黄、泛青、泛绿，油脂——蜡状光泽，质地较致密，细腻滋润，半透明状，偶见细微的绺、裂、杂质等缺陷。

（3）青白玉：其颜色介于白玉与青玉之间，以白青色为基础色，有灰绿色、青灰色、黄绿色等。较柔和均匀，油脂——蜡状光泽，质地致密，细

白玉（样样如意）摆件

青白玉（玉带）[明]

腻，半透明状，偶见绺、裂、杂质等其他缺陷。

（4）青玉：有淡青——深青，颜色种类较多，有虾青、竹叶青、杨柳青、碧清、灰青、青黄等。一般以深青、竹叶青为基础色者最为普遍。青玉是和田玉中最为普通的一种，也是和田玉中最多的一种。青玉一般质地细腻，滋润光洁，坚韧，油脂——蜡状光泽，偶见绺、裂、杂质。

罗汉（碧玉）手件

（5）碧玉：青绿、暗绿、墨绿、绿黑。碧玉与青玉易相混淆，应在强光下观察，青玉为青灰色，碧玉为深绿色。碧玉呈菠菜绿者为上品，绿中带灰者为下品，绿得越鲜亮越好，它质地细腻，滋润光洁，油脂——蜡状光泽，半透明状，偶见绺、裂、杂质。

（6）墨玉：墨玉有全墨、片墨、点墨之分。"黑如纯漆"者为上品，点墨和聚墨俏雕者价值极高。全墨者通体如漆，偶显其他色；聚墨玉，多呈叶片状、条带状、云朵状，分布在白玉或青白玉或青玉的玉体中；点墨是黑

墨玉（指点江山）摆件

色呈星点状分布，影响玉质，当俏色利用尚可。

墨玉之黑色是分布石墨所致，如果石墨细小而分散在白玉或青白玉体中也有称为"青花玉"的。

（7）黄玉：浅——中等不同的黄色调品种，经常有米黄色，常有灰绿色调，在过去分为：栗黄、秋葵黄、蜜蜡黄、鸡蛋黄、桂花黄、鸡油黄。以"黄如蒸栗"者为最佳，滋润光洁、质地细腻、柔和均匀为最好。

罗汉（黄玉）手件

（8）糖玉：糖玉因受氧化铁、锰质浸染而呈红褐、黄褐等色调，多数似食用的红糖颜色，因而称为"糖玉"。如果糖色占整体玉石85%以上，可称糖玉，如果在30%以上可参加命名如：糖白玉、糖青白玉等。

糖白玉扳指

和田玉大致分为八个种类，这八个种类在市场举目可见，都属于和田玉珍贵的艺术品，所以购玉者不必陷入非购"羊脂玉"，非购"白玉"的怪圈。笔者看到利用青玉雕的"玉鼎"，做工细腻、比例恰当、玉质滋润、价钱合理，令人爱不释手，同样具有珍贵的收藏价值。

根据和田玉产出的地（段）不同，又可分为：

（1）山料：山料又叫山玉，宝盖玉，是在原生矿床中开采出来的原生矿石，特点是尖棱尖角状，大小不一，良莠不齐，玉石面较粗糙，质量不如"山流水"。

（2）山流水：是原生矿石经风化剥落，由冰川或水流搬运至河床的上、中游的玉石。特点是距离原生矿床近，块度大，棱角稍有磨圆，表面光滑，质量不如"仔玉"。

白玉（佛手）挂件（仔料）

（3）仔玉：原生矿石被剥蚀搬运到河床中的玉石，因长期在河床搬运的过程中，与各种卵石相互撞碰、冲刷、磨蚀多呈卵形，块度一般较小，表面光滑，质量较好。这种仔玉多分布在河床两侧的阶地或现代河床的中下游处。

有些仔玉经风化、水浸雨淋，周围的或自身存在的氧化铁、氧化锰附着在仔玉表面，使其带有一定的颜色，如秋梨色则称"秋梨仔"，虎皮色称"虎皮仔"，枣红色则称"枣皮仔"等等。如白玉仔带上红色的皮则身价更高，"仔料挂红，价值连城"，但应特别注意现在仔料作假者很多。不是仔料可以琢磨成仔料，没有红皮可以做上红皮，关于这个问题，前面已作介绍。

第二节　如何选购和田玉工艺品

中华民族对和田玉的崇拜、热爱已有几千年的历史，可以说人人都想得到一块和田玉工艺品佩挂在身上或摆放

糖白玉（福从天降）佩

在家里以求吉祥平安，纳福迎祥。不少朋友给笔者说：一进玉器店，眼花缭乱，不知买什么好，不知怎样选购玉器，心里发毛，一怕货不真，二怕价不实，吃亏上当花钱买个心里不痛快。还有不少朋友恳切地说：你（指笔者）能不能出个小册子，宣传一下怎样识别和田玉，怎样选购玉的工艺品？现在我就这个话题，提出几点粗浅的看法。

选购一件称心的和田玉器，特别是比较贵重的和田玉工艺品，不能太急躁，要心态平静去仔细观察与琢磨。

（1）看材料：一个玉器店往往有各种材料雕琢成的小挂件和大的摆放件。有些标示得很清楚，有些标示得很模糊，还有些根本不标示。针对这种情况，购买时一定要问清楚：你购买的玉件是什么玉的，并请售玉者在发票上写清楚。另外作为一个购玉者也应知道一些和田玉的最基本知识：和田玉细腻、滋润、光洁，具有很强的油脂或蜡状光泽，硬度大于玻璃，手摸时具有很强的温润感，看上去很赏心悦目，这是其他任何材质的工艺品不能替代的。还有就是和田玉颜色很丰富，有羊脂白、白、青白、青、绿、墨、黄、糖等颜色，往往是颜色越白其价值越高。羊脂玉价值最高，但同样是羊脂玉，因质地细润程度和透明度的不

羊脂玉描金壶

同其同样的工艺品价格相差也很悬殊。另外看是否有绺、裂、杂质。关于和田玉的分类和与其他相似的玉石的区别，前面已作了专门叙述，这里不再赘述。

青山逸寿(和田玉)摆件

（2）看工艺：和田玉工艺品是一种艺术品，工艺一定简、繁适中，"玉不琢，不成器"，雕工是工艺品的"灵魂"，有人说雕工的好坏是决定玉件价值的关键。举个例子，你购买的工艺品是个人物，那么这个人物喜、怒、哀、乐的面部表情如何？身材比例是否适当？周围环境和人物相互称托如何？雕工的细致程度怎样？如果各方面感到合适和比较合适，然后再进行商酌。特别注意有的玉件利用俏色很巧妙，像"指日高升"件的太阳是红色（糖色）的，那么你就应仔细看这个"太阳"是俏色利用呢？还是后来取自其他玉上的"糖色"雕成"太阳"粘贴上去的。如果是前者它的身价就高出许多，如果是后者那就是严重的缺陷，其身价就会降低许多。购玉者要注意所购玉器的完美（整）性。

还要观察的是所购玉器是否有严重的瑕疵和绺裂，对艺术品的主题有无影响？对这些严重的玉料缺陷，雕琢时大师们一定会有所掩饰（挖脏去绺），处理得是否干净利落，还是"拖泥带水"，如果处理不好，这件工艺品的身价就要大打折扣了。关于和田玉工艺品鉴赏在《雕玉难》一文已有叙述，请参阅。

白玉（如意锁）佩

（3）看寓意：你购买和田玉工艺品的心愿是什么？

应知道：一件玉雕品，它代表着一个祝愿，一个祈求，一种哲理，一段典故，它有着深邃的文化内涵和寓意，它不是一件普通的商品，它有着浓厚的文化品位，它本身就是一首诗、一幅画、一首歌，"精美的玉雕会说话"。只要你静心的去观察它，"玉不能语最可人"，它会告诉你它的来源、身世和它要说的内心话。那就看你能不能领悟、能不能体察、能不能与它"心灵"相通、相融……

你所选购的一件和田玉工艺品一定要合你的心愿。在艺术上有人喜欢花鸟，有人喜欢人物，有人喜欢山水，有人喜欢生肖猛兽……当然购玉者的目的也各不相同，有的是为了投资升值，有的是珍藏，有的是馈赠亲友，有的是自己佩戴、摆放。根据不同的目的去选择不同

碧玉佛珠

寓意的玉是很必要的。"石情玉缘"，一件珍

贵的和田玉工艺饰品，与购买者是有缘

分的。如果你一看，就爱不释手，那你就

买下，如果犹豫不决，那就暂时放下，再

考虑斟酌一下，不要花钱买个心里不痛

快。我曾经遇到一位和田玉爱好者，为一

件珍爱的价值也比较高的工艺品考虑了

近两年，经常在市场上进行考察、对比，

白玉（龙凤）佩

最后还是下决心买下了这件"朝思暮想"的和田玉工艺品，圆了购玉

梦。

（4）注意是现代作品还是仿古件：在这方面可以说现在玉器店中

出售的多为现代雕琢的玉石工艺品，仿古件不多。创新与仿古，笔者

认为只要玉质佳，艺术品位高，寓意新颖都值得购买，既不要陷入创

新"泥潭"，也不要全盘否定

仿古，根据自己的欣赏

力和喜爱而定。

（5）在购高贵

的和田玉工艺品时

应注意几件"小事"：

防止贪小便宜心理

作祟；和田玉比较珍

和田玉（松谷高隐）摆件（仔玉）

羊脂玉（佛手）挂件

贵，特别是羊脂玉，白玉一类更加珍贵，"一分价钱一分货""好货不便宜，便宜无好货"，这些训条在玉石工艺品交易中也非常适用，就现在的价钱来说：几十元买了一件羊脂玉仔料件，那简直是"天方夜谭"，我不用见实物就敢肯定那是假的，不是卖玉人卖的假货，就是买玉人说的假话，要不就是"托"，专门搞诈骗者才说的。占小便宜往往吃大亏，你若不是"行家里手"，最好到正规经营的店中去购买你喜欢的和田玉工艺品。

（6）到国家质检部门去咨询、检测：有些人要买一件价钱较贵的和田玉工艺品，可是工艺品又没有鉴定证明书，怀疑是真是假不敢断定，可请商家带你到"宝玉石质量检验站"去鉴定并要附上鉴定证书，才可靠可信。如果需要咨询和田玉有关的知识和信息，最好到国家认可的鉴定单位或个人去咨询，千万不要相信道听途说和那种不负任何责任的回答。那样会模糊你的视线，耽误你的事情。也要注意有些人似懂非懂的给别人乱参谋，"误宝为石"，把宝贝当石头，或"误石为宝"，把石头当宝贝，失去购玉良机。对于那些一心想拿"回扣"的唯利是图者，购玉者应更加注意观察，"出手"时要慎之又慎。

多比较，"不怕不识货，就怕货比货"，要想购一件贵重的称心如意的和田玉工艺

代代猴（黄玉）手件

糖白玉(龙凤呈祥)摆件(俏色)

品，可以多看几个玉器店，多比较一下"质量"和价格，有时你仔细比较一下，就能比出质量上的好坏和价格上的差异。

"黄金有价，玉无价"，笔者认为，玉的材料和工艺品还是有价的，没有价怎么进行交易？孔子说过："君子爱财，取之有道。"就是说经营者只能赚取合理的利润。目前市场上出现一种现象，借"玉无价"这句话，经营者漫天要价，购玉者就地还价，可以打折到2折、1折，购玉者好像是进入迷雾重重的商店，究竟所要买的玉件值多少钱心中没底。漫天要价，暴利行为既毁坏市场信誉，又失去了商家的诚信。笔者认为：经营者应遵守一般价值规律，材料成本、加工成本、销售成本、运作成本、管理成本，加上合理的经营利润，结合市场行情就是比较合理的价格，"售玉者，其德高于玉"，诚信、人格和良心才是"无价"的，玉器还是有价的。

第三节　收藏和田玉须知

和田玉历来就是收藏家收藏的对象。"藏金不如藏玉"，"穷人藏金，富人藏玉"这也是我国的习俗。特别是现在，人民生活水平大大提高，和田玉也越来越受到人们的喜爱。生活比较宽裕的人们，有了住

佛(和田玉)摆件(仔料)

房，有了汽车，就开始向文化艺术品的收藏上发展，和田玉的收藏自然也就成为人们的向往。

和田玉高贵、神秘、美丽，人见人爱。对它的崇敬、喜爱已有几千年的历史，它已成为中华文化之魂，是中华民族极其宝贵的物质和精神财富。收藏和田玉已成为人们的追求和愿望。

我这里说收藏和田玉有三种含意：其一是收藏仔玉（原料）；其二是和田玉雕琢成型的工艺品；其三是和田玉的古玉件。我只简单谈谈个人的一些意见和建议。

烟青玉（吹箫迎春）摆件

和田玉（壶）摆件（仔玉）

首先谈谈仔玉的收藏：和田玉是名贵的玉种之一，而仔玉则是和田玉中的上品，它的价值要比山料高几倍，而且质地好、个头小、好收藏。虽然说绵延1300多千米的昆仑山北坡许多河中有仔玉，但随着现代化的寻找与采掘，会越来越少，其价值也会越来越高，总是会有难觅踪影的一天。笔者在20世纪50年代就曾在和田、喀什一带工作，那时羊脂玉仔玉很常见，几十元就可买一块 500 克以上的尚好白仔玉，60 年代用墨玉仔、青玉仔至鸡窝、压煤棚的还很多，直到 20 世纪 90 年代末 1 千克的白玉仔也是 2000 元左右，而现在 1 千克好的白玉仔要 5 万—10 万元，我想它还有上涨的空间，因为要购买的人越来越多而仔玉却越来越少了。如果有资金，购一些和田玉仔玉也能升值、保值。不论你是为了观赏、把玩或是为了经济效益都会是个"赢家"。怎样才能选购到真正的和田玉仔玉，在本书中已有专门讲述，这里不再重复。

簸箕纹鼻烟壶 [清]

另外就是收藏和田玉的现代工艺品。在收藏和田玉工艺品时要注意收藏精品，应在玉质上鉴别是否为和田玉，属哪一种和田玉，有没有严重的绺、裂、瑕等缺陷。艺术价值是和田玉工艺品之灵魂，气韵生动，形神兼备，是观赏、收藏的必须条件。做到宁少毋滥，宁精毋陋。因为它是珍藏品，要在玉质和艺术上有一定的价值，以精为胜。有人这样大致计算过：一块玉若以 1 为标准，若玉质好时则变为 2，若雕工好则变为 4，如果俏色利用的好，则变为 8，造型特殊，独树一帜则变为 16，若是上述各项都为最佳者，玉质好，雕工好，俏色利用的好，造型独特新颖则

太狮少狮摆件 [明]

变为32。

还有就是投资收藏和田玉的古玉艺术品。

和田玉在我国开发利用已有7000多年的历史。但考古工作者从古墓挖出的古玉件也并不多，据不完全统计只有1万多件，而属于春秋战国到汉代的早期古玉就更少了。现在市场上出现的

和田玉（素碗）摆件

多为明清时代的晚期古玉，这些晚期古玉多散落在民间。要收藏古玉，必须懂一点古玉知识，因为收藏古玉是一项知识密集型的文化活动，没有比较丰富的历史文化知识，很难有独到见解，只能依靠专家指导。收藏古玉要心态平衡，量力而行，在收藏市场上一件古玉艺术品真伪差价很大，要正确判断估价也不是一件容易的事。要时刻注意的是不要跟风炒作，初涉古玉收藏者的人往往会被蛊惑，盲目投资，结果吃了大亏。笔者可以很郑重地告诉古玉收藏者，现时市面上真正的古玉很少，多为仿制品，就是在拍卖会上，古董店里购买也必须经过权威部门的鉴定，出具鉴定证书后，再慎重购买。就我所知古玉鉴定也是比较麻烦和困难的，要凭经验和

青白玉手镯

眼力，我国古玉鉴定的专家可说
是少之又少。

青玉(赤壁泛舟图屿)(仔玉)[清代]

上面已经讲过，怎样选购收
藏和田玉仔玉，怎样收藏和田玉
现代工艺品及如何投资收藏和田
玉古玉艺术品。如果这些和田玉
珍品到手，又如何珍藏保养呢？关于这方面的知识，长期玩玉的人们
早就总结出他们的心得体会。即"三忌""四畏"。刘大同在《古玉辨》
中说，三忌，是指古玉忌油、忌腥、忌污浊。四畏(怕)，指古玉畏火、
畏冰、畏姜水、畏惊跌。

和田玉一般非常纯洁光润，在洁净的环境里更显得光彩照人。和
田玉的"三忌"：一是忌油，若是将油涂抹在和田玉工艺品上，就掩盖
了它原有的自然油脂蜡状光泽，也失去了它温润晶莹自然之美。二是
忌腥，是因为腥液中含有一定的卤盐，对玉质有腐蚀作用，而导致玉
质受损，应尽量避免与腥物接触。三是忌污浊，藏玉之处很污浊，玉
往往蒙上一层灰尘，失去了原有的光泽，久而久之污秽之尘黏附玉上，
本来表面光鲜可人的和田玉呈现出的是灰暗的玉体。

和田玉的"四畏(怕)"：一是怕火，和田玉如果长期烘烤或靠近
热源，可使和田玉的色浆尽褪(色浆主要是指玉质的表面光泽和透明
度)。如果长期受高温烤灼，也可导致玉石产生裂纹，伤害玉质，失去
原有的光泽和透明度。在玉器柜台内放一杯清水主要是调节柜台内射

灯的温度和湿度，尽量减少射灯所产生的高温对和田玉质的影响。二是怕冰，和田玉不但经不起长期高温烘烤，也不能长期埋入冰层中，长期近冰会使玉润泽度大大降低，鲜亮就会变成"死色"。有些人说"冰清玉洁"，玉接近冰会变得更纯洁，因此把买到的玉饰品放入冰箱中，以便使玉质变得更质坚秀美。实际上与你的愿望恰恰相反，这样和田玉会产生许多小裂纹而变得更加混浊。有人提出：和田仔玉原生矿本身就来自万古冰川之下，为什么仍然细腻滋润？我认为那是经过几千万年逐渐

兴隆如意(糖白玉)手件

形成的冰冻环境，它已习以为常了，如果在常温下再突然变成长时间的冷冻环境，像人患感冒一样，它也会产生"发烧"和不适应，它的"体质"也会微起变化的。三怕姜水，人患感冒喝点姜汤祛祛寒，疏通疏通血液，发发汗就会好起来，因此推断和田玉(特别是从墓葬中挖出的古玉饰品)在姜水里煮煮去掉腥膻气味。本是好意，但事与愿违，如果在姜水中泡久了，会失去

白玉(佛)佩

原有的光泽与温润，甚至使玉器浑身起麻点，从而毁坏了原有的细腻质地。四怕惊跌，玩玉、观赏玉件要平心静气，是一种修身养性的活动，切忌烦躁，如果不小心将手把件或摆件掉在石板地面，重者会玉

碎，轻者对玉饰品也是一种惊吓，虽然表面完整，说不定已有内伤，玉体内产生许多小裂纹，造成一些隐患。如果有大裂纹出现，那就是一种缺陷了。所以不论是购玉者或者藏玉者甚至于雕玉者都要知道玉是有灵性之体，它也是怕撞跌的。在和玉的接触中要轻拿轻放，还要看你所观赏的玉件是不是组合起来的，如瓶、壶、炉的盖有没有脱离危险，总之

糖白玉——羊脂玉(龙)挂件

要时时谨慎，处处注意，免得损伤了珍贵的玉器。

第四节　和田玉保养与把玩

一、保养

世界上任何事物都有它的两面性，和田玉工艺品是收藏家的首选，固然有它的易保存的最大优点，但在保存中也要注意以下问题：

（1）和田玉工艺品避免与硬物撞击。玉石硬度虽然很高，但若受激烈的碰撞会破裂，有些裂纹很隐蔽，当时不一定能看出，可是已经有了暗伤。另外一点就是有些工艺的细微之处撞击后容易损伤。

（2）保持洁净光鲜，不要灰尘满身，失去和田玉的应有光彩。有了灰尘应当用毛刷蘸上清水仔细刷掉，再用洁净软布擦干，使和田玉工艺品真正显示出"冰清玉洁"的本质。

（3）尽量不要长期与化学试剂接触，长期接触容易受到腐蚀，往往失去和田玉应有的光泽，变得浑浊，降低了观赏性。

（4）珍藏的和田玉工艺品，不能长期在烈日下暴晒，也不能长期在炽热的灯光下烘烤，受热过度，原有致密的结构会变得粗糙一些，隐蔽的缺陷会暴露出来，造成不必要的损伤。

（5）和田玉工艺品长期保持鲜活，空气中的湿度应当适中，太干燥也会使水灵灵的和田玉工艺品失去水的滋润变得干燥。

（6）和田玉忌与腥、臭、污秽物的长期接触，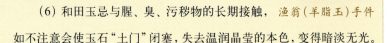如不注意会使玉石"土门"闭塞，失去温润晶莹的本色，变得暗淡无光。

渔翁（羊脂玉）手件

应当切记的是：虽然和田玉物理、化学性质非常稳定，外表也温润可人，但要长期受到不必要的侵蚀也会失去它应有的光泽。在古墓中出土的和田玉工艺品，往往没有现代玉的光亮，就是长期处在污秽的环境下形成的。

二、把玩

每件和田玉工艺品都包含着持有者的理想和追求，精神的向往及生命的理念。我国自古以来就有"君子无故，玉不离身""君子必佩玉"之说。和田玉饰品不仅是一种装饰品，它也显示人们的理想情操，品德风范，具有着极其丰富的文化内涵，也是人们的精神寄托和愿望的祈求。

和田玉手镯

现在玉饰品市场上最流行的是女士手腕

手把件

上戴的玉镯，男士手里握的玩件，还有各种雕着吉祥、幸福、和谐美满等寓意的玉佩。

男士手中握的玉玩件，自古就有，现在最为流行。这种手握的玩件，又叫把玩件、手把件、手件、手玩件、手如意把件、手握件等等。这种手把件一般多呈浑圆状、长条圆柱状等，大多数没有棱角，以大小可在手里转动为最佳。可与人体肌肤亲密接触，互相按摩。 在这种玩玉的柔和运动中，人和玉都受益匪浅。就人体来说，手玩件在手中不断转动也使手指、手臂不断运动，促进血液循环，气血相通，玉器的电波和磁场与人体电波和磁场相互调和，协同共振，使人的阴阳五行顺畅，提高自身免疫能力，调整体质。手玩件还有针灸般的效果，对心脏病、糖尿病、高血压患者具有平和的保健作用。玩手把件是一种养生之道，我国自古就有"人养玉，玉养人"之说，长期玩玉的人个个面红体润、身体健康、精神抖擞，可能这就是玩玉的效应吧！

和田玉手玩件长期受人体肌肤抚摸，在人手中转动好似对其抛光打磨一样，手玩的和田玉件越来越显得滋润光洁、柔和晶莹。笔者碰到这样的事情，一个手把件本来是青白玉，由于长时间的把玩，慢慢其铁质被人体吸收而逐渐变白，这种现象是"盘玉"效果。笔者也见到过一只玉

和田玉玉镯

手镯，出土后可说是"锈迹斑斑"，可是经过一位有心人长期在手中把玩，锈迹逐渐脱落，玉镯显得更加光彩照人。

现在市场上玉石手玩件，雕刻工艺也越来越精湛，雕的狮、虎、貔貅、辟邪兽、祝福（猪）、旺旺（狗）、大象等个个栩栩如生；雕刻的梅、兰、竹、菊等花卉形象逼真，一派朝气蓬勃、兴旺发达景象。一些人物手件如钟馗、寿星、济公等活灵活现、出神入化。如果你有一件称心如意的和田玉手玩件，不但促进了健康，还能带来深邃内涵的玉文化的精神享受，给人一种愉悦向上的动力，还自觉不自觉地时刻以"玉律""玉德"要求规范自己的行为，书写着自己美好的人生。

和田玉玉佩

和田玉已经更广泛地渗透到为人类健康服务的领域，现在大量的和田玉玉镯、玉枕、玉席及和田玉手玩件上市就是具体的体现。

和田玉手玩件市场广阔，把玩、观赏、珍藏恰逢时。

小贴士

仔玉皮色的伪造

(1) 和田仔玉皮色以黄、红者为多。作假者选用没有皮的仔料，用当地国产或进口的红、黄颜料，加酸在开水中煮，反复高温加热，使其充满红或黄色，再用清水洗刷，多余之色用细砂条磨掉，卖时再涂上水蜡，色与玉浑然一体。

丝绸之路(糖白玉)摆件

(2) 伪造黑皮法：用旧棉花将玉料包好，用柴火烧之，待棉花烧干后，再用水浇，等到玉的表面挂有黑皮在表面，黑皮就造成了。若巧用伎俩，黑皮仅占仔料的三分之一，更容易令鉴定者误判。

(3) 伪造红皮法：将青核桃皮、杏干和玉料一起放入罐内，用微火煮，几天后颜色沁入玉内，再抹去浮光，上一层白石蜡，即可。

以上这些都是传统的办法。

本人在和田市曾见到用青核桃皮磨仔玉料目的是上黑色，也亲眼看到仔玉放在抓饭锅内蒸煮的，也曾看到用山料精心磨成仔料的，也曾见到用水泥搅拌机滚筒内放入山料进行机械研磨仔料的。

现代仔玉上色更先进，激光染色法。激光加色后的仔料皮色很理想，鲜艳美丽，但有漂浮感，不如老色厚重光亮。

伍　文化与保健

第一节　漫谈和田玉的文化资源

和田玉之所以长盛不衰，除了和田玉的材质美之外，它的文化内涵非常丰富也是一个原因。

和田玉文化在中华大地上有着丰富的资源。和田玉文化资源是非物质的，是一种精神财富。中国和田玉的文化资源是世界上独一无二的，这种文化精神财富对中国的社会、历史都有着巨大的推动力，而且对中华民族在精神上、道德上、审美观上……都有着深远的影响。

和田玉文化对和田玉开发利用有着极大的推动作用，它深刻地影响着和田玉市场的走向！

白玉扳指

新石器时代，人们在生活生产中就已发现玉与其他石头的不同，已把玉作为美的化身和重要的生产工具，如新疆罗布泊出土的两个6000

鸟形佩 红山文化

兽形玉猪龙侧面
红山文化

多年前的玉斧头就证明了这一点。到了新石器时代晚期对玉的认识又进一步发展对玉的神秘化、神圣化。玉已成为礼仪祭祀之器，成为人与神沟通的法物，只有拥有玉器，巫觋才能与神对话，并将神的"旨意"传达给人，这是人们赋予玉的又一功能。到了奴隶社会，玉被赋予等级化、礼仪化的功能，如"王执镇圭，公执桓圭，侯执信圭，伯执躬圭，子执谷圭，男执蒲璧"。这一切为人们尊玉、崇玉、爱玉、敬玉提供了强大的精神支柱。到了春秋战国时期，玉被儒家学者人格化、道德化后，玉的文化氛围更加浓厚，"君子比德于玉""君子无故玉不离身""君子必佩玉""玉有五德、七德、九德　"等，玉在人们心目中地位更加提高。

在中国历史进程中，长期以来儒、佛、道三教并立。除儒家以外，佛教、道教也加入了玉文化

观音嵌饰［六朝］

的营造。佛教对玉文化产生了重要影响，《法华经》将玉列为"七宝"之一。从传统玉器中的观音、佛等等摆件到小而精的观音、佛佩挂件，很多都是佛教中的文化题材。据记载：盛产和田玉的于田一度曾是佛教中心。中原地区传播佛教并不是从印度直接传入，而是通过西域于田为中介传入的。就中原佛教来说，佛源地也是玉源地。

　　道教在弘扬和田玉文化中也起着积极的作用。道教以玉为灵物，视为神药，葛洪《抱朴子·仙药篇》中有："玉亦仙药，但难求耳。"《玉经》曰："服玉者寿如玉也。"伟大诗人屈原写有"登昆仑兮食玉英，与天地兮比寿，与日月兮齐光"的诗句。几千年来和田玉器已成为儒、佛、道诸家弘扬宣示自身文化的平台和载体，一直延续至今，人们以能佩挂一件和田玉器饰品的吉祥

鱼形佩［明］

行龙佩 [唐]

物，或家中摆放一件和田玉工艺品为荣，认为它可以逢凶化吉，遇难呈祥，消灾避祸，永葆

双凤花卉纹嵌饰 [元]

平安。虽然这是一种精神寄托，也说明了中华玉文化已渗入到中华民族的血液中，是一种强大的精神支柱，也是和田玉及和田玉文化长盛不衰的原因。

第二节　正确开发和田玉物质和文化资源

　　首先我想谈一谈和田玉的开发：新疆有丰富的和田玉储量，根据地质调查，昆仑山北坡近1300多千米的范围内，已发现和开采中的和田玉矿床有20多处，西起塔什库尔干县境，东到若羌县辖区，几乎每年上山采玉者都能发现新的矿点。昆仑山中和田玉预测储量达21万～28万吨，以现在平均年采量300吨计算，估计尚可开采1000年左右（《中国和田玉》，唐延

和田市维吾尔老人售玉

岭等著）。况且昆仑山北坡的河床中和河床两侧的阶地内及河漫滩的扇形洪积层中还蕴藏着数量可观的仔玉，每年采量估计也在 30 吨左右，由此推算再采 1000 年问题也不大。

　　丰富的和田玉资源，为和田玉产业发展打下了雄厚的物质基础，特别是 20 世纪 50 年代后期，和田玉工艺品已经走进了千家万户，从达官贵人走入了普通百姓之家，和田玉工艺品的价值也是在年年攀升，和田玉市场已经形成。但和田玉文化资源开发却远远落后于和田玉市场发展，很多商家把和

墨玉——白玉（马上发财）摆件

田玉工艺品当成一般商品去销售，而忽略了和田玉的文化内涵。随着人们文化素质的提高，购玉者不但在和田玉的玉质、价格上有要求，而且要求商家说出工艺品的寓意，或打印成说明书附在工艺品的包装盒内。笔者每年都会遇到很多起这样的顾客要求，而且呈逐年快速增加的趋势。

　　从两个具体例子可以看出和田玉文化资源的发掘对和田玉市场的导向有多么巨大的推动作用。其一，2003 年 8 月 3 日用和田玉精心打

龙凤呈祥(碧玉)花熏

造的"中国印·舞动的北京"奥运会会徽,在北京天坛祈年殿前一亮相,立刻受到全国人民的欢迎,世界人民对和田玉也有了认识,和田玉文化得到了充分的体现,也为和田玉增添了光辉,和田玉身价在人们的心目中进一步上升。

其二,2002年9月11日—14日在和田玉的故乡——和田市,由和田地区政府和新疆宝石协会共同召开了首届《中国和田玉研讨会》,会议主题很明确:"以和田玉本身和玉文化研究为主要内容。"参加会议的有来自全国各地的从事和田玉行业的教授、研究员、高级工程师、博士、工程师、工艺美术师、特技工艺美术大师等60多人。各级领导、企事业单位负责人近40名。参加会议单位84个。笔者参加了这一研讨会,目睹了这一盛况。研讨会召开至今近

听涛(白玉)仔料

6年时间，和田玉原料上涨了50～100倍。2002年和田白玉仔料市场价不过5000元，而今天，同样一块白玉仔料却得20万元。2002年1千克上等白玉山料价不过1000元左右，现在同样一块白玉山料却得5万元；特别是青白玉仔料2002年30元一块，而现在没有3000元就不可能成交。

2004年由新疆宝玉石协会在乌鲁木齐市召开了第二届和田玉研讨会，笔者认为

书山有路(和田玉)摆件(仔料)

这是一次和田玉与文化玉全面结合的会议。会上体现了物质和精神两大和田玉主题的融合，促使和田玉在人们心目中更上了一个台阶。从这次会议后和田玉加工制作更加精细，体现出了和田玉辉煌的历史和它在今天人们生活中的崇高地位。

关于如何弘扬和田玉文化，开发和田玉的文化资源，笔者认为：出版各种有关和田玉文集，如论文集、和田玉精品照、和田玉古玉器图集，有关和田玉的诗歌、散文、历史故事、民间传说、和田玉知识趣谈……宣传和田玉文化，继承历史传统。如在和田市的玉龙喀什河

某显著位置，设立一座巨大"玉碑"，刻上"白玉河"以供游人参观、照相，组织游客下河踩玉、捞玉、河边观玉。将历史记载编成故事，印刷成册，以满足人们的求奇猎趣心态，既开展了旅游，也宣传了和田玉历史文化。在建和田玉博物馆、和田玉研究所方面，和田市若有投入，定能得到回报。在宣传继承和田玉文化上不能急功近利，应从长远目标出发，要有"前人栽树，后人乘凉"的战略眼光。我相信一代人投资，几代人会受益。有条件的话开展旅游者登山寻玉活动，体验一下寻玉难、采玉难，这样既锻炼了年轻人的身体，磨炼了意志，又继承了和田玉寻玉难、采玉难，为得到美玉不怕任何困难的志向。也可以组织中外旅游者重走一趟"玉石之路"，从长安出发，伴随着清风、明月、沙漠驼铃、戈壁雪山去体会古代玉石商客们的快乐和艰辛，若中央电视台跟踪拍摄并向全世界播出"玉石之路"，定会引起考古者、地质学家、探险者、玉石收藏者、旅行家等的高度关注，我相信和田玉的声誉会风靡全球。

羊脂玉手镯（仔料）

第三节　玉石奇特的保健作用

玉石工艺品除了是一种物质上的财富外，它也是一种精神财富。若不信你可以试试看，当你感到烦躁、苦闷、寂寞、无聊时，你玩玩

和田玉璧

玉，观赏你家中摆放的玉雕品，你会得到一种精神上的愉悦，疲劳、烦闷可能会一下消除，精神会振奋起来，对未来充满信心和向往。从心理学上讲，人们佩玉、藏玉、摆设玉件都充分说明了主人对生活的热情，对美好前途充满了希望和信心。

玉石数千年来在我国都作为权力、富贵、身份、财富、吉祥的象征。而且在民间也流传着很多神话传说，玉能安宅，玉能消灾避祸，玉能强身保健……当然有些是人们的美好愿望夸大了事实，但是有些说法还是有一定道理和科学依据的，笔者就玉能强身保健这一点谈谈粗浅的理解。

从一些文字记载和传说看，我国历代的帝王嫔妃保健养生不离玉，如嗜玉成癖的宋徽宗、含玉镇署的杨贵妃、持玉拂面的慈禧太后……我国著名的医药经典《本草纲目》介绍有：玉，除胃中热、喘急烦懑、止渴、润心肺、助声喉、滋毛发、养五脏、柔筋强骨、安魂魄、利血脉、明耳

佛（糖白玉）

目等功效。

玉石，现在人们不但用它作为装饰、欣赏品，而且已逐渐渗入到了生活中的各个领域。就笔者近几年调查中发现，现在生活中人们用玉枕、玉席、玉坐垫、玉碗、玉筷子、玉酒壶、玉烟嘴、玉象棋、玉石健身球……玉已成为人们生活中密不可分的伙伴。

科学家们在研究玉石能保健养生的机理原因时发现，玉石中含有多种对人体有益的微量元素，

羊脂玉瓶(俏色)

如铁、铜、硒、锌、镁、锰、钴、铬等，佩带玉饰品能使这些微量元素被人体肌肤吸收，使人体内的微量元素更加协调，促进人体各项生理机能更加协调地运转，保持身体健康。

玉石尚有白天吸光，晚上放光的奇妙物理特性。有人认为，当光点对准人体的某个穴位时，能刺激经络、疏通脏腑，有明显的治疗保健作用。位于人手腕背侧有"养老穴"，常佩戴玉镯，可得到长期的良性按摩，不仅能祛除老人视力模糊之疾，且可蓄元气，养精神。

嘴含玉石，借助唾液所含营养成分与溶菌酶的协同作用，能生津止渴，除胃中之热，平烦懑之气，滋心肺，润声喉，不失为玉石养生

的又一途径。

　　玉石具有低温的物理效应，可以稳定脑压，降低脑温，尤其是饮酒后枕上玉枕，更加觉得效果明显。玉石还有以特殊的电磁场及压电效应与人体的各个器官产生共振，促进各器官正常运转，减少疾病。在刺激经络、穴位按摩、疏通心律脉搏上有着明显的治疗保健作用。

白玉(观音)挂件

　　笔者曾经走访过一些购买使用玉枕的人，有一位少妇说，过去的头痛病大大减轻；一位中年妇女说，过去的神经衰弱失眠症已明显好转；还有一位手指患有皮炎的小伙子戴上玉戒三个月后，皮炎已痊愈，这都是发生在笔者身边的真人真事。

　　当然玉石也并不是能治百病的灵丹妙药，它也是因人而异，因病的轻重作用大小也不尽相同，不过玉确能养生保健这一点是毋庸置疑的。

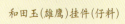

和田玉(雄鹰)挂件(仔料)

第四节　佩玉洁身明志　祈福平安

中华民族佩玉有着悠久的历史和独特文化内涵。一件玉佩、一件手玩件或一件摆放着的和田玉工艺品，它都包含着主人无穷无尽的理想追求和精神向往。人们尊玉、爱玉、敬玉，把一切美好东西以玉比拟，古人崇玉而今人也有过之而无不及。

在蒙昧时代，玉成为巫觋神人对话，天地相通的"神物"，只有拥有"玉"的人，才能成为神和人之间相互传话的巫觋。到了王权时期，玉成为礼器是王权和等级的象征，只有王者才有用玉

白玉描金龙纽玉玺

的资格。作为中国传统思想核心的儒家思想则认为：君子应"比德于玉"，玉佩光洁温润，谓之"仁"；不易折断，且断后不伤及肌肤，可谓"义"；佩挂起来赴会邀宾神采飞扬，整齐有序，谓之"礼"；"瑕不掩瑜""瑜不掩瑕"谓之"忠"；鲜而不垢，谓之"洁"。这些美德和田玉均有，而作为人的美德也必备这些条件。因而佩玉以洁身明志，要做到"君子无故，玉不离身"，"君子必佩玉"，"守

黄玉手镯

身如玉"等等。

　　和田玉自古至今，已取得了共识，美德俱全。它凝聚着中华民族的精神，体现了这个伟大民族的品格，陶冶着民族的情操，抚育着民族的风范。只有认识和田玉，读懂和田玉，才是对中华民族文明的真正了解。

　　我们祖先对玉的认识和开发利用，做出过极大的贡献。玉，在中华文化史上占有特殊的地位，在我们中华大地上无处不在，它

羊脂玉(金镶玉)挂件

影响着中国人的生产和生活。在中国历史、政治、经济、军事、宗教、文化、艺术、思想道德等方面都有着玉文化的深深烙印。对玉的崇拜、尊敬和热爱是我们中华民族的传统，也是中华文化的特色。

　　近年来佩玉已成为时尚，人们延续着古代习俗。现在玉佩中往往运用了人物、走兽、花鸟、器物形象和一些吉祥如意、平安幸福及一些文字和中国传统的图案造型，

白玉樽

以民间谚语、吉祥语或借喻比拟、双关、谐音、象征等表现手法，构成"一句吉语、一幅图案、一个祈求、一种愿望"的艺术表现形式，反映了人们对美好生活、幸福未来的追求和向往，充分体现了玉文化的精髓。

白玉扳指

和田玉佩中的内容极为丰富，形式多种多样，它能表现出每个人的性格、品位、风度、

碧玉手镯

追求、向往……佩挂玉佩，摆放玉工艺品为的是生活幸福、事业顺利、身体健康、家庭康乐。仔细观察与琢磨你会发现每一件玉工艺品它都浓缩着中华玉文化的精髓，有着丰富的东方文化内涵，它能体现出佩戴者自身的个性和气质，佩玉不但是自我精神的鼓励，同时也对身体健康有益。

玉饰玉佩，它不仅指的是胸前挂的玉坠，它包括头部的冠形发饰、耳饰、项饰，手部的腕饰、指饰等。现在流行的玉器类饰品有：手镯、戒指、吊坠、项链、耳坠、耳钉、发髻、梳子、扳指、念珠、腰扣等等。玉已经渗透到装饰品的各个角落，拥有玉饰品的人无不感到满足和自豪。笔者有一位爱玉的朋友，手握一个和田青白玉葫芦，每逢好

祝福（白玉）摆件

友来都要拿出来展示展示，喜笑颜开地说："看这个宝葫芦让我盘玩的光彩照人，我的手只要往衣袋里一伸，它自动就会蹿到我的手掌中，好似我的手有磁性一样！现在我离不开它，它也离不开我了！"说着哈哈大笑，朋友们也分享着他玩玉的快乐与幸福。

是的，玉是有亲和力的，这种亲和力只有玩玉者自己能体会到。

小贴士

羊脂玉为什么会变得粗糙

"糖"色是由和田玉中的铁质渐变而成的。Fe_3O_4逐渐变成Fe_2O_3遇水进

一步变为$H\,FeO_2 \cdot n\,H_2O$（褐铁矿），如果长期处在干燥地方$HFeO_2 \cdot n\,H_2O$的水分消失而Fe_2O_3会被磨蚀掉，红色变稀、变淡、变散。如果人身缺铁的话，部分铁元素会被人体吸收，红色也会变淡。另外不适当使用化妆品，化妆品中如果含有与铁起反应的元素，也会使铁元素减少，红色也会变淡。原因较多可以多多思考。羊脂玉变得有些粗糙，是因为长期暴晒受热、烘烤或某些化妆品的化学物质腐蚀所致。

金猴献寿（糖白玉—羊脂玉）
摆件（俏色）

陆 精品赏析

第一节　为什么说"黄金有价，玉无价"

咱们中国有句俗语，从古流传至今："黄金有价、玉无价。"仔细想想此话颇有道理。

黄金只代表着财富，富贵而缺少文化内涵。而玉则不然，尤其是和田玉，它具有漫长的历史和丰富的文化内涵。自古以来玉就被人们视为宝物，把玉石琢磨成各种珍贵的玉器，作为天子、贵族、朝聘、祭祀、丧葬、敬祖先和神灵时所用，以表示珍贵和敬重。玉，从新石器时代开始，一直到清代末期，它都是皇宫、权贵们的专用品，普通百姓很少能看到它。因为不在社会上流通，没有交易，所以更谈不上它的价格了。一般百姓只知道玉很珍贵，究竟珍贵到什么程

和田玉（花熏）摆件

度，说不清楚，只觉得它越来越珍贵，越来越神秘。

几千年来在中华民族的各个历史进程中无不打上了玉文化的烙印。中国的历史、政治、经济、军事、宗教、文化艺术、思想道德等都有玉的踪影和痕迹，对玉的崇拜、热爱是中华民族的传统，是中华文化的特色。

糖玉(貔貅)摆件

和田玉自然资源的不可再生性，也促使了玉价的动荡不稳定。在昆仑山中开采玉石，矿点越来越高，现在都是在4500米附近的雪线上开采，在和田市玉龙喀什河中挖玉，越挖越深，由原来只在地表砾石中捡，到现在在河床两岸阶地上深挖十几米，推土机、挖掘机上百台机器在作业，这样挖掘下去我们的和田玉还能开采多少年？随着开采的强"攻势"，和田玉在市场的价值也在随时变化，从原料到成品，成倍成倍地向上翻滚，这又给购玉者一个强烈的印象，玉无价！

一件和田玉工艺精品，除了玉质美以外还包括它奇巧的设计，俏色的巧妙利用和高超的工艺，如切、磨、琢、抛、浮雕、透雕、镂空，细者如发丝，薄者如蝉翼，小者如米粒，要处处小心，道道精细，层层相叠，巧夺天工。每件玉器寓意不同，投入的工多少不同，差价也很大。一件和田玉工艺品它的文化内涵是否更丰富，雕刻大师的社会知名度如何，其价值也有很大差

白玉(貔貅)摆件

异，这又体现出"玉无价"这句话的含意。

笔者认为，"黄金有价，玉无价"这一俗语，在清代以前确实如此，比较适用，因为那时玉还没有流通和交易。但在今天商品社会里，玉器作为商品，一定要有价，没有价怎么进行交易和流通呢？作为玉器的经营者，和田玉器作为商品，自然也必须遵守一般商品经济的规律。

羊脂玉吊瓶

例如：玉料成本、加工成本、销售成本、运作成本、管理成本，再加上合理的商业利润，这样定价就比较合理。绝不能借口"玉无价"而漫天要价。在新疆玉器市场上就经常出现这种情况，本来价值2000元的玉佩，开价1万元，然后打折到2折，给本来就雾里看花的顾客心里又抹上了一道"神秘莫测"之感，究竟这件玉器值多少钱？顾客望而却步，实际上毁了市场也毁了商家信誉。

售玉者，其德高于玉，诚信是立业之本，信誉与人格、良心才是无价的！远在几百年前的明代著名玉雕大师陆子冈曾提出"以人品治玉品"的理念，并以"玉色勿欺外行，不允多夸半分；工价必衡良心，莫敢虚高一文"为座右铭，所以陆子冈至今仍然是治

白玉（节节高升壶）摆件

玉、售玉者的榜样。

　　笔者也相信，待到和田玉采尽挖绝，市场上没有了和田玉原料和工艺品的交易，那时也许又回到了"玉无价"时代，不过这一天还在很久以后了吧！

第二节　寓意深刻的和田玉工艺品

　　用和田玉工艺品装饰家庭，购玉、藏玉、玩玉、佩玉也是我们的传统习俗，近年来随着人们生活水平的提高，渐成时尚。在玉饰品中往往运用人物、动植物、器物、形象文字、吉祥图案、民间谚语、神话传说、历史故事等为题材，通过比拟、借喻、双关、象征、同音同声、谐音等表现手法，构成一幅图案、一句吉语，反映出人们对美好生活的向往及追求，体现了玉文化的精髓。中华民族玉饰品中的图案非常丰富，文化内涵深邃莫测，它是世界独有的，没有任何一个国家或地区可以相比的。

碧玉(金镶玉)挂件

第三节　精品赏析

四季平安

　　月季花（蔷薇）置于花瓶中或选择四季之花（梅、兰、山

茶花、荷花、百合、菊、桂花、水仙）分别放在四个花瓶中。

　　月季花每月开一次，取其四季花开不绝，又称为长春花，

寓意长年开花，生活幸福美满。"瓶"与"平"同音，其意是

"四季平安"。

福在眼前

蝙蝠、古钱。"钱"与"前"同音同声。钱有孔即眼，寓意"眼钱"。蝙蝠置古钱前，是把钱作为福，组合起来即"福在眼前"。

榴开百子

成熟的石榴半个皮已剥去，露出许多石榴子。

石榴寓意多子，"石"即"室"的谐音，"榴"与"留"同音同声，其意是室内留住许许多多子孙，"子孙满堂""万代长春"是中国人传统习俗。

年年有余

常以鲇鱼和莲藕表示。

"莲"与"年"为谐音，"鱼"与"余"同音同声，寓意为"连年有余"或"年年有余"。

封侯挂印（挂件）

封侯挂印

一匹奔跑的马背上，有一只猴子，在穿过树林时，猴子站在马背上，向树上挂一个用布包着的印玺。寓意是"封侯挂印"，当官掌权，连连晋级之意。

马上封侯（挂件）

马上封侯

一只猴子骑在一匹飞奔的马上，其寓意是马上晋级，祝福高升进步的内涵。

白玉（寿比南山）摆件（仔料）

寿比南山

石头山和南瓜组成图案。石头表示长寿之意，南瓜中的"南"表示南山。寓意即是"寿比南山"。即长寿健康可以与高山相比。

观世音菩萨

是人们想象中大慈大悲的救世主，能解救人们的各种困苦，永葆平安吉祥，是佛教信奉者崇拜的救世神灵之一。

观音(和田玉)摆件(俏色)

十八罗汉

罗汉多见于佛教的大庙中，可保平安，祛邪恶、赐福送喜，人们崇拜如神，一般面部表情、神情姿态各不相同。

十八罗汉各有其名：降龙、伏虎、笑狮、骑象、坐鹿、布袋、芭蕉、长眉、欢喜、沉思、过江、探手、托塔、挖耳、看门、开心、举钵、静思。

糖白玉(罗汉)摆件

钟馗

镇邪、祛恶，正义的化身，可保你永久平安。

钟馗摆件

鲲鹏

古人称为大鱼或大鸟。鲲鱼可以变成鹏鸟，一步千里，前程无限广阔之意。

鲲鹏展翅（糖白玉—羊脂玉）手件（俏色）

寿星

寿星又称南极仙翁，祝愿高寿，祝颂词中常有"福如东海常流水，寿比南山不老松"。

寿星（糖白玉—羊脂玉）手件（俏色）

糖白玉（寿星）挂件（仔玉）

样样如意

两只羊或卧或站，在绚丽的阳光下显得非常悠闲，在羊的脚下或身旁往往有一只如意相衬。"样"与"羊"同音，寓意样样如意事情畅通，使您满意。

蟹

蟹 [清] 长12.3cm，宽8.3cm，高2.2cm，北京艺术博物馆藏。

白玉质，光润细腻。运用圆雕、镂雕技法，将蟹壳、蟹爪雕刻得细致入微，生动、活泼、有力。

"子刚"夔凤纹樽 [明] 高10.5cm，口径5.8cm，1962年北京海淀区师范大学工地清代黑舍里氏墓出土，首都博物馆藏。

白玉质，润泽细腻，局部有黄色沁斑。樽为圆柱形，由器身和盖两部分组成。盖面呈弧形，正中有一圆钮，周围立雕卧狮、卧虎、辟邪，三兽之间阴刻兽面。樽外壁满琢剔地阳起的夔凤纹和螭虎纹，内壁光滑。樽一

子刚

侧镂空一圆形把，上有凸起的象鼻钮，把下有剔地阳文篆书"子刚"款。底平，以三个等距兽面为足。器形古朴规整，琢磨精细，抛光极好。此墓葬于清康熙十四年 (1675年)，墓主黑舍里氏是康熙帝的辅臣索尼的孙女。这是迄今所知北京地区出土的唯一带"子刚"款的玉器。

飞天 [唐] 高3.9cm，宽7.1cm，故宫博物院藏。

白玉质，呈青白色，局部有赭色浸斑。扁平片状，用单阴线、单技法镂雕一飞天形人物，脸形丰满，头上椎髻高耸，上身裸露，长飘带自两臂与肩颈间穿绕而过。长裙曳于身后，掌心向上。身下有卷草纹样的祥云承托。飞天在唐石窟壁画中，是一个能奏乐、善飞舞、满身散发着香馥的仙人，在佛教艺术中被称为"香音神"。

"岁岁平安"摆件 [清] 长13cm，高8.5cm，北京艺术博物馆藏。

青白玉质，夹有黄褐色沁。圆雕两鹌鹑口衔谷穗之茎相依而卧，谷穗垂在鹌鹑身旁，谷穗侧旁雕两只苹果，寓意"岁岁平安"。

小贴士

为什么有男戴观音女戴佛的习俗

和田玉工艺品中的观音和佛的工艺品非常畅销，笔者认为这也是几千年来中国玉文化的表露，是人们对和田玉的喜爱与尊崇的体现。为什么有男戴观音女戴佛的习俗呢？还得从中国古文化说起……

观音是中国人心目中美的化身，急人所急，难人所难，它"智光慈云，吉祥福祥，天空海阔，福音四方"，可以救助世上的一切痛苦而不图回报。男士佩戴观音，借用观音的吉祥寓意，远离是非，消弭暴戾，世事洞明，永葆平安。男士经常出门在外要谨言慎行，不犯错误；要多些慈悲柔和，要打抱不平，扶正压邪，永走光明大道，做个堂堂正正的男子汉。

佛是弥勒菩萨，也是未来之佛，给人们带来吉祥、幸福，也是祈盼美好明天，成为"笑逐颜开，好运常来"的象征。女士佩戴佛，就是劝女士少些嫉妒和小心眼，要多宽容，少是非，多快乐，少自寻苦闷与烦恼，自由自在，快快乐乐地生活，忘掉不愉快的过去，向往幸福美好的未来，要"大肚能容天下难容之事"；"要笑口常开，笑天下可笑之人"，健康快乐幸

和田玉(升官罗汉)摆件

福地生活。

"男戴观音女戴佛"
也有阴阳调和二性平衡
之意。男女互补，可以相
互吸收对方的优点，克
服自身的缺点和不足之
处，但不论是平安赐福
的观音，还是大肚能容
难事的笑佛，都闪耀着

糖白玉（童子闹佛）摆件

人性的光辉，都是人们的精神世界里最美好的祈盼和追求，是真、善、美
的融合与化身，是人们崇拜、尊敬、学习的榜样与楷模，也是几千年来中
国玉文化的具体表现与流露。

"男戴观音女戴佛"这一习俗也不是绝对的，有些地区也有男佩佛女
戴观音的传统。

后记

　　和田玉滋润、晶莹、神圣、高贵、纯洁、美丽、坚贞，我一想到它就精神振奋，一看到它就热血沸腾。和田玉在中华大地上历经数千年，已深深根植在炎黄子孙的心底，已融入到中华民族的血液中。时至今日人们对和田玉的热爱、尊重、崇拜有增无减，称和田玉是中华瑰宝，中华文化之魂，一点也不过分。

　　身为一名地质工作者虽潜心对和田玉及和田玉文化研究近50年，也只能说刚刚看见和田玉科学的大门，更谈不上迈入门槛了。和田玉及和田玉文化博大精深，像一部万卷书，像一壶香醇的酒，越读越有趣，越品越有味。在浩瀚的中外书海中查看着有关和田玉的论述，在故宫博物院和在售和田玉的货架上、柜台内观赏着和田玉工艺品都是一种巨大的精神享受，可达到忘我的程度。许多朋友要求与我分享和田玉文化，要求我写一点和田玉鉴别、收藏、评价、把玩知识的科普读物，了解一点和田玉寻找、开采、加工情况。尊敬不如从命，我硬着头皮拿起拙笔写这本《和田玉把玩与鉴赏》，共享和田玉美的氛围。在这里我要特别感谢新疆地矿局总工程师董连慧博士，为我撰写了序，北京出版社出版集团的木拉提·阿里木，新疆人民出版社的张惠琴副编审，新疆美术摄影出版社的李新萍女士，新疆地矿研究所所长、新疆地质学会科普委员会主任白文贤先生及真珍珠宝商城的吕桂明、杨锦朋、陈娟莉都给了我具体的支持、帮助、指导。马陈萱为我打印了全部稿件，中国地学界著名摄影师郝沛给我提供了大量珍贵照片。我衷心地感谢给我提供参考资料和文献的朋友们！因为篇幅关系我就不一一列出他们的名字了。

借此机会特别感谢一贯热心宝玉石科普知识宣传的真珍珠宝商城白文贤总经理和全体员工及新疆地矿博物馆领导、新疆珠宝玉石首饰行业协会、新疆宝玉石质量监督检验站等领导和同行们对我全力支持、帮助，这本书的出版是集体智慧的结晶，归功于所有帮助、支持、指导我的朋友们！我要再次向他们致以最衷心的感谢和敬意！书中难免有错漏甚至谬误，诚恳希望大家给我提出批评指正！

宋建中

2008 年春

参考文献

1.《中华瑰宝和田玉文集》(2004.7)新疆维吾尔自治区宝玉石协会编

2.《昆仑之魂》(2006.8)和田第三届玉文化学术研讨会组织委员会办公室编印

3.《中国和田玉》(1994)唐延龄等著

4.《新疆山水宝藏趣谈》(2006.5)宋建中著

5.《宝石与玉石知识趣谈》(1997.8)宋建中编著

6.《赏玉与琢玉》(2004.5)刘道荣等编著

7.《新疆宝石和玉石》(1986.5)杨汉臣等著

8.《中国和田美玉》(2006.5)张新泰编著

9.《财富珠宝报（青年知识版)》

10.《古玉史话》(2000.1)卢兆荫著

11.《中国黄金报（黄金珠宝刊)》

12.《珠宝商情报》

13.《宝玉石周刊》

14.《中国黄金报》

15. 本书部分图片来自北京出版社《北京文物大系 玉器卷》一书

和田玉把玩与鉴赏

图书在版编目（CIP）数据

和田玉把玩与鉴赏 ／ 宋建中著. — 2版（修订本）. —

北京 ：北京美术摄影出版社，2012.7

（把玩艺术系列图书）

ISBN 978-7-80501-482-1

Ⅰ．①和… Ⅱ．①宋… Ⅲ．①玉石—鉴赏—和田县

Ⅳ．①TS933.21

中国版本图书馆CIP数据核字(2012)第100300号

把玩艺术系列图书

和田玉把玩与鉴赏（修订本）
HETIANYU BAWAN YU JIANSHANG

宋建中 著

出 版	北京出版集团公司
	北京美术摄影出版社
地 址	北京北三环中路6号
邮 编	100120
网 址	www.bph.com.cn
总 发 行	北京出版集团公司
经 销	新华书店
印 刷	北京顺诚彩色印刷有限公司
版 次	2012年7月第2版 2013年11月第3次印刷
开 本	889毫米×1194毫米 1/36
印 张	3
字 数	50千字
书 号	ISBN 978-7-80501-482-1
定 价	28.00元

质量监督电话 010-58572393

三好图书网
www.3hbook.net

好人·好书·好生活

我们专为您提供
健康时尚、科技新知以及艺术鉴赏
方面的**正版图书**。

入会方式

1.登录**www.3hbook.net**免费注册会员。
（为保证您在网站各种活动中的利益，请填写真实有效的个人资料）

2.填写下方的表格并邮寄给我们，即可注册
成为会员。（以上注册方式任选一种）

会员登记表

姓名：_____ 性别：_____ 年龄：____

通讯地址：_____

_____

e-mail：_____

电话：_____

希望获取图书目录的方式（任选一种）：

邮寄信件 □   e—mail □

为保证您成为会员之后的利益，请填写真实有效的资料！

会员优待

·直购图书可享受优惠的
折扣价
·有机会参与三好书友会
线上和线下活动
·不定期接收我们的新书
目录

网上活动

请访问我们的网站：

www.3hbook.net

三好图书网
www.3hbook.net

地　址：北京市西城区北三环中路6号 北京出版集团公司7018室　　联系人：张薇
邮政编码：100120　电　话：(010) 58572289　传　真：(010) 58572288

新书热荐

品好书，做好人，享受好生活！

三好图书网
www.3hbook.net